他形象

男士形象气质修炼

胡可◎著

中国华侨出版社
·北京·

图书在版编目（CIP）数据

他形象：男士形象气质修炼/胡可著. -- 北京：中国华侨出版社,2024.2

ISBN 978-7-5113-9220-6

Ⅰ.①他… Ⅱ.①胡… Ⅲ.①男性—气质—通俗读物 Ⅳ.①B848.1-49

中国国家版本馆 CIP 数据核字 (2023) 第 254854 号

他形象：男士形象气质修炼

著　　者：胡　可
出 版 人：杨伯勋
责任编辑：肖贵平
特约编辑：王智月　胡智中
封面设计：回归线视觉传达
版式设计：盛世艺佳
经　　销：新华书店
开　　本：710毫米×1000毫米　1/16开　印张：12.5　字数：120千字
印　　刷：香河县宏润印刷有限公司
版　　次：2024年2月第1版
印　　次：2024年2月第1次印刷
书　　号：ISBN 978-7-5113-9220-6
定　　价：68.00元

中国华侨出版社　北京市朝阳区西坝河东里 77 号楼底商 5 号　邮编：100028

发行部：（010）64443051 传真：（010）64439708

网　址：www.oveaschin.com　E-mail：oveaschin@sina.com

如发现印装质量问题，影响阅读，请与印刷厂联系调换。

前 言

这是一个超前的时代,也是一个不断酝酿商机的时代。曾经的"她经济"一炮打响,现在的男性在颜值方面的消费理念也已经发生了翻天覆地的改变。他们渴望变美,也渴望用自己的美征服天下,于是他们开始关注品牌、打造品牌、推广品牌、服务品牌,各种各样的"他经济"就这样伴随着强大的市场推动力,成了一片广阔的机遇蓝海。所有人都看到了它蕴含的财富,所有人都知道这是一块尚未分完的蛋糕,所有人都开始下意识地关注里面的一切,所有人都渐渐青睐起新领域消费逻辑所创造出来的全新内容。

一场关于男性之美的营销战就这样拉开帷幕。男人们不但要让自己变美,还要用相应的内容和方法带动别人变美。秉持这个目标,诸如美容、健身、服饰、配饰等诸多男性潮流商机项目开始在这个时代不断地作用于市场。于是,各种营销理念、各种服务设计、各种创意思维、各种优质内容,开始在他们的人生、别人的人生乃至整个世界发挥着微妙的作用。这股带着时尚感的男性消费之旅,就这样一步步拉开帷幕。所有人将目光聚焦在如何变美上，并且还会有人告诉你，你将会以什么样的速度变美。每个人都有自己想要成为的样子，为自己拥有高颜值投入，为高颜值的人生环境投入，为高颜值的精神生活投入，为每一个聚焦高颜值的情怀投入。消费就这样在人们理念的变更下，变成了一个全新的模式，谁能掌握这个模式，谁就能在市场尖端胜出，谁就能站在"金字塔"顶端，拥有一个别人没看到过的世界。

本书结合如何变美，如何对自己的颜值经济进行运作，如何创造有利的"他形象"经济运营模式，如何开拓属于自己的"帅男子"运作市场，如何成为一个有钱、有智慧、懂运作、懂生活的"男神"等内容，从各个方面层层递进，倾力打造，只为助力你在坐拥经济红利的同时拥有更完美的自己。本书上篇讲到了帅男人的颜值经济运营思路，下篇则助力帅男人各个方面的提升。无论是从思维力还是从行动力，无论是从格局还是从细节，毫无疑问，这本书给了渴望高颜值境界的"男神"们醍醐灌顶的建议；它是渴望高颜值境界"男神"们的人生指南、行动策略。好的思路就是好的行动开始，好的行动铸就好的未来，既然你已经对"帅"心驰神往了那么久，那就从现在开始打开这本书，享受这场全面的自我提升盛宴吧！

目 录

上篇 时代趋势
——你的"男模"脸，为何价值百万

第一章 形象格局：男性"颜值"优化下的"速动经济"

了不起的"男颜芯片"设计图 / 3

那些藏在颜值文化中的"价值气质" / 6

竞争蓝海，我的颜值我做主 / 9

一条由点及面的"星光大道" / 11

第二章 前程优化：私人订制下的"男颜"形象运营模式

"俊男造像"，今天你打好基础了吗 / 15

高颜值驱动下的高颜值生活 / 18

"俊男品牌"运作下的商业体系 / 22

新消费理念下的"颜值"蜕变 / 25

一秒翻身变好看，做局破局手不慢 / 29

第三章 绑定风口：那些"率性焦点"运作背后的"财富默契"

颜值巅峰系数，爆单刷亮位数 / 33

"大数据"算法下的增值堡垒 / 38

个性化需求和介入性生产 / 42

"网红"路线，"帅男人"营销运作的新战场 / 46

"帅哥经济"下的 360 度 IP 运营 / 50

第四章 产业变现：一张"男神"连脉的"金钱聚宝图"

"零"距离，撬动"他经济"的"颜值杠杆" / 55

精致 boy 如何打造自己的营销新程序 / 59

颜值产业链，利润峰值下的钱脉地图 / 64

需求提现，藏在颜值账本里的生意经 / 67

下篇 自我修炼
——修行自信，帅男人都要懂得自我经营

第五章 护肤管理：好皮肤，养出帅男人的"基础底色"

男人护肤五步走，别说你做不到 / 75

打败"痘痘肌"，好习惯里的硬道理 / 80

草莓鼻、黑头鼻，还要为此而苦恼吗 / 84

毛孔粗大，俊男怎能没方法 / 87

惨遭"肿脸泡"，5 分钟改善，立竿见影 / 90

目录

第六章 穿搭管理：量体裁衣，打造魅力男人的"炫酷衣橱"

"男神"衣橱里的常备"百搭衣" / 95

穿搭小细节，不容忽视的领带调色盘 / 99

顶配型男休闲装，今天选对了吗 / 102

颜色、图案，什么才是经典的"配饰搭" / 106

晨礼、燕尾、塔士多，什么才是最得体的礼服装备 / 109

第七章 身材管理：穿衣是型男，脱衣炫肌肉，今天你健身了吗

好饮食，多营养，亮出你的"颜值餐" / 115

既要有氧健康又刷脂，合理运动更重要 / 119

侧重力量练习，唤醒你的肌肉活力 / 123

不喝酒，少饮料，优化习惯五步走 / 127

户外运动，健身族"男神"的阳刚魅力 / 131

第八章 爱心塑造：有责任，有担当，塑造帅男人的品位涵养

责任心，男士风度的最佳体现 / 137

优化管理，打造步步为营的责任心 / 141

给朋友更多爱，让魅力成为口碑 / 145

做真诚的代言，让爱成为自己的标签 / 149

用宽容展现自身的魅力 / 152

第九章 礼仪管理：言谈举止，举手投足，礼仪是一门行为艺术

衣着有礼，勾勒帅男人的礼仪模式 / 157

职场细节，秀出"男神"的优雅姿态 / 161

别忽视了握手的"艺术" / 165

玉树临风，谈判桌上的礼仪风范 / 169

鲜活表现力，演讲台上的洒脱魅力 / 173

第十章 外在整合：赋能"高富帅"的后盾助力

男人硬伤之"聪明绝顶" / 179

扫荡腋下"狐臭"的伤心事 / 182

局部瘦脸，想"帅"就这么简单 / 184

后　记 / 188

上篇 时代趋势

——你的"男模"脸,为何价值百万

第一章　形象格局：男性"颜值"优化下的"速动经济"

了不起的"男颜芯片"设计图

在这个越来越崇尚颜值的社会，"男神"与普通男人之间的区别到底是什么？试想一下，当一个不擅长打扮的"直男"，胡子拉碴，穿着一件风格与环境不符的衣服，尽显老态和沧桑，那么即使他满腹经纶、学富五车，想必也没有多少人愿意多看他一眼。但如若此时，他身边坐着这样一位男士，风度翩翩，衣着得体，身材挺拔，容貌帅气，若是换作你，两者之间你更愿意去接触哪一位呢？

如今，男性颜值早已经成为风靡社会的主流话题。人们希望将这种生活概念根植于自己的意识中,其所带来的机遇和经济价值也逐步地被社会理解和支持。

当前数据显示,越来越多的男性开始关注自己的颜值效应,他们开始注重着装,注重形象,更加关注的不再是粮食和蔬菜,而是自己的皮肤和体格,他们开始对如何塑造一个更标致的自己产生了浓厚兴趣。他们希望以颜值为基础,赢得职场,胜出人脉主赛场,并以此赢得更多的机会;他们试图以此为契机,开拓并裂变"粉丝",打造属于自己的颜值经济生态网络。毫无疑问,这对于男人来说,绝对是一个了不起的开拓。它开启了一个对于生活全新的概念,意味着生命将会因颜值蜕变产生更多的可能,而这恰恰就是自我塑造、自我成就、自我认同的超完美人生理念,也是高颜值形象驱动高颜值生活的最核心的价值驱动力。

现在,某些男性颜值产品"高烧不退",以富有男性特质的爆品气质,逐步地进入"男神"们的选项中。它们不但满足了男性的爱美需求,也充斥着男性所特有的阳刚气质。从一开始的男性专用洗发液,到现在专属于男性的高端护肤品,再到后续富有"男神"气质的医美造型设计,都诠释了一点,那就是这个时代的男性已经在形象塑造上开始觉醒。他们正在试图以自己的理解来定义颜值,也正在试图以最佳的策略去雕琢自己的完美人生。

基于这个原因,时代赋予了男性一张心仪已久的"颜值芯片"。它成了根植于男性自我审美信念中的第一张广告名片，在自我量身定制的探索和旅途中，一步步地满足男性对于美的需求。它不但有助于他们对自己形象的勾勒，也有助于他们对超颜值生活概念的描绘。精准而高端的定制感，彰显的是一个男性特有的品位和身份，这也在不断雕琢兑现中，优化了他们渴望完美、渴求自我的内在需求。

曾经有一位男性颜值定制专家就发出这样的感慨："现在'男神'的定制要求真是越来越高了，但幸好，现在的智能化工具选择也越来越多了。我们可以在不到几分钟的时间内，根据一个男人的性格、职业、身高、基础面部架构等，以人工智能技术为基准，快速确定他们塑造的主流基调。我们不但能够帮助他们快速找到做'男神'的感觉，还能很顺利地将这种感觉根植于他们的生活。这是几十年前的设计师根本无法想象，也无法做到的。于是你就会看到，很多起初看起来很普通的男人，最终通过设计的调整，成了自己理想的样子。那可不是假扮别人，那就是他们自己。这就好比，我们将一种生活模式，将一种颜值的勾勒理念，以灵魂重塑的形式，根植于一个人的生命里。就此，这一切开始在他们的人生中发挥作用。别的不用说，至少他们走在大街上，就是要比以前更自信了。"

听到这样的话，你心里一定会快速蹦出无数个惊叹号。如果一个看起来不起眼的男人可以通过重塑流程翻身，如果完美的颜值真的能够换得更多的自信和可能，如果手头的资本完全可以兑换一个更美好的自己甚至就此改变自己的命运，如果突破颜值束缚就可以顺利搞定生活中所有的冲突和障碍，那么，为什么不去尝试？为什么不带着一张"男神"脸，坐享高颜值的品位生活呢？

　　内在努力无可厚非，但外在塑造也绝对重要。生命对于每个人来说只有一次，若是准备在形象上自我节省，要么说明对于这个时代你已经落伍了，要么就是因为你还未意识到高颜值的重要性。而对于美这件事，至少在这个时代，它对每个人都是公平的。世界上本不该再有不漂亮的人，怕就怕你还不想为自己的漂亮投入。这是埋藏在我们每个人心底的一道选择题：要么利用"男神芯片"摆脱现状，要么一成不变，负重前行。究竟哪一种更好？别问别人怎么想，现在闭上眼睛思考几分钟，你的欲望就会带着答案，明确地将一切摆在了眼前。

那些藏在颜值文化中的"价值气质"

　　一个国家有国家的文化，一个企业有企业的文化，而对于一个人来说，我们自信中所传递给他人的信息，就是我们自己的文化。而颜值往往是展示个人文化的第一张名片，除了能够给我们带来自信以外，更重要的是其内在蕴含着一种价值，一种可以不断兑现的真实价值，甚至可以说是一种与经济效益挂钩的"价值气质"。

从最简单的概念来讲，一个不懂得修饰颜值的人、一个对颜值修饰不到位的人，面对同样的一份机会，就是不如颜值效应佳的对手具有竞争力。曾经就有一位世界五百强企业的 HR 坦言："其实，对于能力来说，确实有人会干得好点，有人在一开始会表现得差一点，但是只要他们渐渐适应环境，最终的表现力并不会出现太大的差距。但就颜值来说，那是他们先天性的资本，若是在这一资本上失分，很多职业任务是根本无法完成的。所以每次我们面向高等院校招聘的时候，都会特别地注意和考虑应聘者的颜值问题。有些老师不理解我们的选择，质问：'明明这个学生在能力、学历各方面都符合应聘条件，凭什么败在了一个漂亮的、学习并没有那么优秀的学生之下？'其实答案很简单，能力是可以短时间提升的，但颜值需要长时间培养才能改变。就企业岗位而言，越是我们这样的企业，在这些年轻人入职的初期，在很大程度上看的就是他们的朝气，就是他们的颜值给企业带来的品牌效应，随后才是考验他们的能力，一步步将他们纳入企业需求的岗位和部门。就我的招聘经验来说，这些年轻人在经历了职场经验洗礼，在进一步适应环境以后，所展现出的职业表现力也是相当不错的。"

或许，这就是现在很多男性开始越发地关注自己颜值的原因。大数据表明，新时代的男性已经开始愿意拿出收入的一部分，投入自己的颜值提升中。他们会使用面膜及各种化妆品；他们会采用医美的方式雕琢形象，也会参考形象设计师的服饰搭配建议；他们会关注助力男性形象优化的时尚品牌，在配饰与手提包等细节上花费更多的心思。而这一切的改变，都注定了"男颜经济"的产生。毫无疑问，这种对于颜值的关注，本身就附带着社会波动和波动下的时尚气息。而"男颜经济"的发展，其核心驱动力，就来源于一种时尚趋势，一种全新的概念思维，一种软实力优化的生活理念。

于是，我们看到，当下针对男性的时尚用品、颜值用品早已不仅是用于塑造硬汉形象的户外装备、运动器材，更多的是倾向用于面部修饰、体格优化的整体性颜值打造。这一切都意味着男性在自我打造经济消费中的概念转型，也意味着他们将会针对自己的形象，拥有更多领域的消费需求。显然，如今的商家已经嗅到了其中强大的消费商机，在保持过去"女颜经济"的情况下，必然会在"男颜经济"上，进行更富有创意的研发、推广和产品运营。

商业最美好的蓝图在于一个空白而稀缺的市场，在这个版图上有越来越强大的需求，但却苦于没有兑现这种需求的内容。而这些内容是可以不断衍生扩展的，是可以不断运营定义的。它可以在引领消费概念的同时铸就属于自己的主流时尚风向标，也可以在风向标的指引下，铸就商业裂变、内容裂变、需求裂变、品牌文化塑造等多重商业经营战略的运营体系。在男性迫切追求自我改造和追求完美的思潮涌动下，伴随着他们气质的革新，在需求和欲望的推动下，这一标配的新兴产业被推上了舞台。

竞争蓝海，我的颜值我做主

在当今时代，竞争随处可见，但它也在某种形式上，给予了大众另一种选择。我们可以开发属于自己的生态流量，凭借自我运作和内容的产出，赢得广大群体的关注和认同，最终变现，换得属于自己的那份经济红利。这一切正是在认真地品味人生，认真地生活，认真地对自己的颜值进行优化，认真地寻求生命的真谛。因此，变现盈利开始更贴近每一天的日子，小到一道拿手菜，大到颜值风控下内容变现的广大世界。总而言之，人生特立独行，自由风情万种，每个人的生活不一样，每个人的故事也各不相同。时代的媒介给予我们了解大量别样生活的窗口，而兑现这一窗口世界的内容始终都是由我们自己做主的。

对于颜值经济来说，即便起初的底色并不那么尽如人意，但只要我们凭借自己的想象去用心描绘，带着生活的美感全心勾勒，就会发现自己生命中的每一天都在变得越来越美，自己展现出来的生命情节也更富有诗的韵律。人们因为颜值的完善，对生活更富有激情和主动，他们愿意以更完美的方式表达自己、诠释自己，并将自己高颜值下的生活状态展示给更多的人。

于是，生活美好了，传递出来的品位更高了，快乐更多了，人变得越来越漂亮了，自信的颜值也在故事的推演下成功变现了。这时你会发现，这种内容的鞭策和制作是专属于我们自己的产业生态链。它在带动消费的同时，宣扬的是一个不带竞争气息的，绝对轻松宽泛的运营载体。

曾经有这样一个"男神"级别的主播坦言："做主播时间长了，就会发现生活会变得越来越美好，朋友也变得越来越友善，在没有成为'男神'以前，我就是一个普普通通的男孩子，但当我开始注意健身，记录生活的点点滴滴时，发现自己生命的每一个细节都进入了高光时刻，我会不断地将一切做到最好，也在追求最好的途中，收获无数朋友和'粉丝'的鼓励。后来，我因为经营自己的大号，认识了很多同样坐拥百万'粉丝'的'男神'兄弟。我们经常会在一起探讨生活、探讨选题、探讨拍摄技巧，毫无疑问，我从他们身上学到了很多东西，也得以以更富有新意的方式面对生活。"

不同的颜值风格，不同的内容塑造，在这个充斥着蓝海的个人运营体系中，颜值经济在市场上秉持个性，正发挥着无可替代的作用。人们因为青睐"他颜值"便更进一步地走近"他生活"，当他的一切变得越来越富有美感时，不但"他经济"乘风破浪，对着手机的每一个人似乎也开始变得越来越完美。这无疑是一种和谐链接的锻造，在助力自己的同时，也助力了一种又一种高颜值生活的觉醒、需求和自我锻造。

总之还是那句老话："爱美之心人皆有之。"而那些富有高颜值、高智慧的人，在无痛蓝海中，善意地带动身边的每一个人变好，引导他们获得质量从优的消费，成为他们值得信赖的颜值优化军师，成为他们励志人生中最完美颜值的风向标。这无疑是打造颜值经济的最佳选择，也是每个人都可以做并且能做到完美的时代路径。

一条由点及面的"星光大道"

由点及面的颜值效益，对于一个潜心打造"男神"经济的人来说，个人颜值文化的打造，也是类似的一个从局部到体系向外不断拓展的过程。起初，它很可能只是不经意的一个小视频，小小的尝试中，包含着制作人有心无心的自我文化创意。它起初很可能并不是以盈利为目的的，甚至只被视为茶余饭后用来与观者互动的好玩创意，但当这种创意内容不断产出，其内在的主流思想和文化就会随着思想内容的衍生成为一种具有核心体系的内容系统。随着关注的人越来越多，认同的呼声越来越高，冥冥之中，这一切的内容颜值建设就被赋予了更高的要求和责任，此时创作者便忽然意识到，除运作视频内容以外，自己还可以帮助到别人，可以衍生去运作的内容实在太多了。

曾经有一位高颜值"男神"坦言，当初自己运作视频号的时候，仅仅是因为好玩，每天发一条生活里发生的有意思的事，随即晒出一个想法，每次做完，不管别人看还是不看，心情总会特别舒畅。但当他意识到自己的视频号关注度越来越高，留言也越来越丰富的时候，他便意识到，原来此时关注自己的"粉丝"，竟然对自己的运作拥有这么大的好奇心和需求。他们会问自己很多问题，诸如："你这是去哪儿玩儿的啊，感觉这个地方很配得上你的帅。""这家餐厅很有韵味，高颜值的风格快赶上你了。""你穿的衣服什么牌子，好像挺酷的样子，蛮适合我的。""这健身器材不错，在哪儿买的？"……看到这些留言，他起初还有点措手不及，但坐下来认真思考后，便得出结论："想要满足'粉丝'更大的需求并助力他们提升自我，自己必须扩大运营规模，做更多的事情。"

于是他从小范围开始，先创办了一间属于自己的文化工作室，一边继续做短视频，一边与高颜值、高时尚产品会所进行洽谈，以视频号直营推荐的方式，帮助他们进行广告营销。后来，他建立了属于自己的文化产品公司，推广自己创意开发出来的文娱产品，开办了自己的化妆品运营公司，一边向"粉丝"推荐质量上乘的化妆品、保健品，一边为自己家的产品做直播宣传。再后来，他又创立了自己的微电影产业，拉来了更多富有创意的小伙伴，也拉来了愿意对其进行投入的投资方。而后，他又打造了自己的知识付费平台，亲自执教，告诉"男神"们该怎样化妆，怎样健身，怎样创业，怎样经营自己的生活。这一整套体系做下来，他发现为了满足"男神""粉丝"的需求，自己的事业规模也变得越来越庞大了，他每天对手头所做的一切乐此不疲。

开启一种颜值思想，便打造了一种颜值风格；打造了一种颜值风格，便拥有了一种颜值行动；拥有了一种颜值行动，便创造了一种颜值文化；创造了一种颜值文化，便舞动了时代潮流。让这种潮流悄无声息地改变大众的思想，潜移默化地融入他们的生活，作为经济效应改变他们曾经惯用的购物模式，一种潜在的机遇，一条属于自己的星光大道，便随着更多的商业机遇向我们敞开大门。而起初，它仅仅是一个不需要过多成本的创意，但只要将这种创意不断衍生下去，其所带来的经济价值、时尚价值和机遇价值，很可能早已超出每一个人的想象。

第二章 前程优化：私人订制下的"男颜"形象运营模式

"俊男造像"，今天你打好基础了吗

对于一个品牌来说，不但颜值要有吸引力，其内在的文化底蕴也是非常重要的。形象是外在的，形象特质下的精神内核才是至关重要的，没有很深厚的基本功，单凭外表的维系是不牢固的。这就好比一个雕塑家进行创作，起初他面对的不过是一块顽石，如何雕琢出俊朗的形体，如何表现其内蕴的感情，如何传神地画龙点睛，每一个步骤都需要最扎实的思想功底和行动力。而对于一个有颜值经济头脑的人，面对自我形象的塑造，不但要在基础妆容上步步到位，更要打造属于自己的精神，属于自己的文化，属于自己的内涵。这里面或许有阅历，或许有故事，或许有思想，或许是一个又一个精彩的片段，总之运作的方式不同，所产出的颜值经济体系也有所不同。人们看到的不仅仅是一个俊朗帅气的"男神"，更看到了这个"男神"形象背后衍生出来的内容。当大家更愿意关注他的生活、关注他的思想、关注他引领出来的时尚概念时，他便成了大家眼中的焦点品牌。由此，他的言行中所推出的一系列产品，也更容易受到追捧，更容易成为商家经济运作所看好的爆品。所谓劲爆的人推动劲爆的商品，说的就应该是这个道理了。

　　现如今我们看到很多男生在自我形象文化上运营得很好。他们拥有自己的事业伙伴，拥有信任自己的海量"粉丝"。他们每天似乎都在做着自己想做的事情，维系着无数的商家，也不断推广着自己的时尚思路。他们时不时地面向公众直播，又时不时地将自我营销裂变。他们每个人似乎在颜值经济上都有属于自己的玩法，在内容文化建设上各有千秋。他们不遵从于刻意的模仿，自行打造了一个属于自己的展示舞台和运作平台。他们带领着原本是客户，后来成了更进一步的合作伙伴的人一起去展示去运作。他们虽然核心团队很小，却很可能创造上百人团队才能实现的红利效应。而这就是"他经济"的价值所在。所有人看着他、相信他、关注他、围绕他、分享他、运作他。而这对于一个人的自信，对于一个人的自我价值，对于一个人所能做的事，无论从哪一个角度来看，都是不失为巅峰效应的选择。因为打的基础足够牢，所以站在了金字塔顶上；因为懂得运作，所以快速地解放双手，一边做着自己的事情，一边实现了财富自由。

由此，要想让自己的颜值造像更有价值体量，首先要做的，就是在形象表层之内的内容提升。毫无疑问，这是所有"男神"经济在创业之初必须完善的基本功。它需要我们对自我营销、自我形象运营、思想价值运营、时尚消费引领、文化思想内涵等诸多方面进行广泛的涉猎和深入的学习。在这个过程中，我们需要总结出自己造像的精神内核，并且一步步地描绘出自己文化的核心；我们需要有形无形地对自己的运营体系进行勾勒和设计；我们需要下意识地在细节中规划内容，也在内容体现的格局中加入叠拼生态链构思；我们需要寻找方法提升自己的关注度，还要想怎样能让自己的"粉丝"不断裂变；我们需要去思考怎样将客户变成伙伴，还要思考如何分配自己与合伙人之间的股权，如何更好地与合作方划分盈利；我们需要了解怎样与合作伙伴共享红利，也需要学习相应的法律知识，避免产生不必要的法律纠纷，避免不必要的"踩坑"，并随时对自己的交易合同、交易准则和内部经营条例流程进行优化。虽然看起来，起初的一切不过是一个英俊男子对自己生活内容的诠释，但当一切一步步地形成规模时，这一切的内容都将是他步入成功的基础。

除此之外，很多"男神"说他们还要花费时间雕刻生活，从今天的一个妆容到穿搭的一系列，从行动坐卧到举手投足，从礼仪规范到文化历史，这所有的一切，都将成为他们既要关心又要学习的内容。他们会用自己的视角诠释一个大众想象不到的世界，这对于一个人的创造力来说，绝对是一个不小的考验。他们经常对身边的人说，自己要学的东西还有很多，而就在对这么多学习内容的探索中，昔日直白的诠释变得更加深邃，更富有内涵。他们变得更加成熟了，他们在学习和经历中收获成长了，他们的脚步更加扎实了。以至于很多"粉丝"看到他，都觉得他似乎与曾经的那个他不同了。这或许就是自驱力成长的最佳策略，它让一个人更加接近完美。而就成功这件事而言，与其相伴的永远是向前一步的选择。这对于他们来说，也不过是自己每一天的前行罢了。

高颜值驱动下的高颜值生活

首先在这里要问大家一个问题，倘若现在你手里有一个秒变"男神"的机会并且你抓住了这个机会，那么你把自己变得这么帅究竟是为了什么？有人说是为了让自己更加自信。那么让自己更加自信的根本驱动力是什么？追溯源头，答案其实也很简单："为了生活，高光的生活。"

如今的男性面对颜值这件事，不但在自我呵护上狠下功夫，还试图用医美的方式让自己改头换面。于是有人便问："现在赚钱这么难，为什么还要下狠心给自己做这么大的投资？"最终他们的回答是："获得更多人的关注，这种被人倾慕注视的感觉，会让我更容易找到高颜值生活的美好。它不至于让我在照镜子的时候，感觉自己的形象和灵魂表里不一。当我的颜值发生改变之后，外人对我美好颜值的倾慕会让我更愿意以自己的理念装点和设计自己的生活。那种感觉就好像不管你怎么下意识地完善，感觉都是对的，别人看待你的眼神也证明你是对的。这样的生活状态与之前那个我截然不同，甚至说，完全不在一个维度。我喜欢现在的自己。"

听到这些话，恐怕很多男士的内心都是感慨万千。颜值对于一个人有多重要，单从上面的言辞中就能看出端倪。之所以对颜值有需求，其主要原因就在于，我们的内心对高颜值的生活和幸福有所向往。起初很多男士认为，自己之所以在生活中找不到感觉，主要原因就在于自己的外表不够英俊，不够有个性，不能彰显出自己内在灵魂的气质。于是他们便极力地动用自己所有能够动用的方式去优化自己的外表，以求能够在后续的生活中，让自己的这副身躯与灵魂表现一致。

事实上，在专业人士看来，当一个人的外表与心里的诉求达成一致的时候，他是很容易从生活中捕捉到更多的幸福和快乐的。但若是一个人只注重外表而不注重生活，即便本身就具备高颜值的特质，也依然无法达到心中满意的状态；或者说，面对自己的人生，他们根本不知道自己想要什么，也不知道高颜值的生活该如何勾勒。因为心中没有概念，便不会在生活中针对这些方面特意地去改善和练习，这对于任何人来说都是相当危险而茫然的。倘若一个人心中没有自己本该有的样子，也没有一个自己渴望的特定的生活，即便是身边的助力如何加大马力告诉你该怎么做，你在行进的路上也依然会找不到精进努力的感觉和成功的喜悦。这种对人生麻木没有要求的态度，除自身精神领域的苍白以外，更多还是因为他们对生活已经采取了消极应对的态度。当一个人真正意义上将自己的人生定义为消极、悲观，即便外界再花团锦簇、五彩缤纷，他也已提不起丝毫兴致。

曾经有一位医美专家说："对于形象塑造这件事，我并不主张大刀阔斧地改头换面，因为这样会让一个人突然找不到属于自己的那份感觉。这个世界上，没有任何人比自己更适合做自己，即便是通过医美的手段能够将他打造成一个和之前完全不一样的人，倘若灵魂中的自己与这个造型不相匹配，那又有什么意义呢？医美的形象塑造，本应该秉持在提升个人颜值的前提下，助力他们成就一个更好自己的原则。而这个自己不是别人，而是他们本身的灵魂所在。这样他们才能在提升颜值之后，更好地面对自己的生活，找到自己心中所需要的那份自信，并以自信的态度用心地勾勒自己的生活。常言说得好，高颜值的形象自然会匹配高颜值的生活。当一个人真正意义上体验到颜值赋予他们的自尊、自我的感觉，他们便会本能地在心中勾勒出自己想要的幸福。正所谓思想引领未来，高颜值形象本应催化他们更进一步寻找幸福的想法，这一点才是医美人最希望看到的，也应该是值得所有人付出更多去争取的。"

总而言之，想要成为更好的自己，永远不仅仅是一个提升形象颜值的问题。颜值只是一个媒介，可以帮助你获得更多关注，让你有了对自己进一步提升的动力，但此时若是忽视了多维度的自我培养，肤浅的内容很快就会造成大众的审美疲劳。毕竟不只是你一个人有八块腹肌，也不仅仅是你一个人有精致的轮廓。世界上永远不缺乏努力的人，怕就怕他们拥有你所拥有的一切，并在各个段位上比你还要精进，还要努力。

"俊男品牌"运作下的商业体系

对于一个品牌而言，它引领的不仅仅是一系列的产品，更重要的是，它主导的是一种文化、一种消费意识，甚至是一种全新的生活理念。而就品牌形象而言，在这俊朗外形背后的商业运营体系，可做的事情就实在是太多了。就拿广告牌上那一张张鲜活俊朗的年轻形象来说，在其背后运作的很可能是一个相当庞大的团队，除演出、广告、见面会、视频直播、电视节目等多元化营销网络体系外，他们还可能涉足商业产品、多媒体产业、互联网产业、医药、公益，甚至你之前闻所未闻的更多产业链项目。而这些产业链项目所带来的商业红利远远不是几个数字就能阐述清楚的。

就当下男性颜值经济自我打造而言，想要将自己做成品牌，引领时代潮流文化，首先要做的，除提升自己的颜值外，更重要的就是将自己产品化，就是要打造属于自己的商业航母体系，让自己的内容进入自身打造的产品工厂，在更多人、更多领域的运营下，不断地强化消费者对自己的品牌、对自身产品价值的认同并购买，从而在更大范围推广自己的同时，将商业的触角伸展到各行各业。而这一切都是看似无形的，"男神"每天在做足情感内容、形象完善以后，更大的衍生内容始终都是在勤奋和尝试中不断衍生拓展的。

举个例子，有一位"男神"经济运营做得非常成功的英俊男性坦言："外面的'粉丝'每天看我穿着得体，出入高档会所，品味他们奋斗很久才能买得起的红酒，感觉我就是一个坐在宝马车里笑的钻石王老五，但是他们不知道，为了运作我的商业体系，可能连睡四个小时觉对我来说都是一种奢侈。我每天都要组织伙伴一起直播两个小时。为了这两个小时，单是提前准备的资料，就有厚厚的一大摞。除此之外，还有很多品牌代言项目，需要掌握的商业内容资料无比庞杂，而我又是一个对'粉丝'认真负责的人，不管是对产品的价值，还是对其真实的质地，每一个细节都要亲身体会。除了这些，为了更好地完成运营项目，我们还开辟了微电影项目和抖音运营平台，这些内容都需要我的出镜、表现和参加，而这些单单是文字上的东西，看起来就已经让人头痛，可我都一个个坚持了下来。当然起初就是这样，为了能够拓展更多的商业领域，我每天都很累，但是展现出来的自己每天都很精神，我会坚持健身，坚持用高颜值生活要求自己。直到将一切领域系统商业化，找到最靠谱的合作伙伴，直到完成了股权分配和产品盈利商业裂变，我才慢慢地从烦琐的事务中解脱出来，开始有时间做一些自己喜欢的事情和新的探索。我开始花时间提升我的滑雪技能，开始有时间参与国内外的高级画展，我开始对珠宝业产生兴趣，而这一切都很可能成为我下一段位的商业拓展。这时候我发现，作为一个男人，有好的颜值太重要了。它是一个不会被别人替代的自我展示平台，只要运作精准，大千世界一切内容都可以成为你走向更高级的平台，关键就看你这场形象牌怎么打，商业体系的布局怎么玩儿。尽管就现在来说，我算不上玩儿得最好的，但我却真正意义上通过运营自己实现了财务自由。事实上只要够精准的努力，我所做到的一切，别人也一样能够做到。"

听到这些话的时候，首先是被他背后强大的商业体系触碰到了。实话说，现在真的不要小看任何一个英俊的年轻男子，虽然他们每天看起来过得既高端又舒适，但在你看不到的背后，就是一个庞大而规整的大型产品化运营系统。他们不是运营一单生意，而是在多领域齐头并进中运营这一个庞大的体系，就此生命中的一切都可能成为他们用来赚钱的工具，而这一切本身就承载着他们所赋予的时尚，将他们的生活、将他们生命中的每一个细节，变得越来越优秀，越来越高端。这似乎是一种前行惯性的需要，需要他们不断地向前探索，发现更加有型、完美，颇具颜值且足够时尚高端的自己。

就此，男性颜值时代已经带着一种敏锐的商业气息面向有头脑、有智慧、有魄力、有勇气的每一个人。我们随时可以成为一个点，然后将自己的品牌市场连接成面。我们随时可以在打造生意的同时引领一种与之前截然不同的时尚生活；而对于生活本身，产品化的运作会让我们生命中的所有东西适用于消费。

新消费理念下的"颜值"蜕变

很多朋友会问："为什么同样的事情，别人做了会火，自己不管怎么努力貌似都见不到什么起色？为什么同样是经营视频号的内容，自己的未必比对方差，可最终别人坐拥百万'粉丝'，而自己的流量却扳着手指头都能算得清楚呢？"于是，有些人开始迷信财运的事情，觉得自己时运不济，注定这辈子无法在这个领域获得成功。但事实究竟是怎么回事儿呢？自己到底有没有成功的机会呢？

曾经有一位网红"男神"发出这样的感慨："我记得当年，听谁说过这样一句话：'踩在风口上，猪都会飞起来。'这话似乎真的有一定的道理。我承认，我算不上世界上最勤奋的，也算不上世界上最聪明的，更算不上世界上最会做内容的，但是，我很幸运，那就是我在组合了自己全部的综合实力以后，找到了一块别人没有注意到的战略洼地。这种感觉就好像是买下了一块所有人都没发现的油田，秉持恒心和努力去开采，最终看到了滚滚的石油从土地里冒出来。这就是我经营颜值经济所体验到的真实感受。"

这个世界上帅男人很多，优秀的人也很多，比你开拓的内容更精彩的比比皆是，但是，倘若这个时候，你找到了一块距离别人勘探眼光甚远的财富洼地，那么你的努力，相较于别人而言，就是更加精准的，更有价值的。这看起来是一种以颜值为资本的咸鱼翻身，但这种蜕变的起点从一开始就与他人不同，于是，当你率先在人烟稀少的高地上采取策略，启动的速度越快，开拓的资源越广，你所赢得的红利资本也就越大。等到别人回过头发现"哇！这里有黄金！"的时候，他们很可能已经远远地被你甩到了后面，而你除运作当下的颜值财富以外，怀揣着第一桶金的资本，但凡是眼光足够精准独特，那想做的事情、能做的事情，就实在太多了。

那么如何精准地完成这次帅男人的高经济增长呢？首先送你一个公式："精准观察 + 精准分析 + 概念运作 + 引流消费 = 新产品领域开拓后的红利价值。"

1. 精准观察

所谓精准观察，指的就是关注市场需求。总有一些需求是缺口很大，又无法满足的。只要存在需求空间，只要这种需求空间开始逐步扩大和稳定，就意味着这里很可能就是一块别人还没有注意到的利润洼地。至于观察途径，无论是大数据分析，还是更为系统的市场调研，抑或是在资源整合以后全盘系统的精算测评都是可取的。总而言之，只要你判断精准，只要你看到了潜在的机遇，这块洼地中50%的财富就已经被你牢牢地把握在手中了。

2. 精准分析

所谓精准分析，就是站在观察所得的基础上，对有强大需求的市场人群，进行更进一步的分析。例如，如果秉持同样的需求，他们渴望产生怎样的产品？这种产品具有怎样的外形、怎样的质地，带有怎样全面的功能？如若这个产品真的被创造出来，怎样的营销模式才是更受大众认可的？它能否适应商业资本裂变？能否最大限度地满足受众群体的精神需求和物质享受？当这一系列分析，伴随着数据的流转被一步步地推演出来，毫无疑问，此时作为"男神"的你，又朝着成功的财富运作向前进了一步。

3. 概念运作

在进行系统分析以后，更为核心的内容便是要树立广大需求者的新型消费概念。运营者要呈现给消费者一种全新的生活方式。如果这种生活方式被你认同和接受，那么它会很自然地成为你生活中的一种习惯。

当运营者的内容产出成为你生命中不可省略的存在时，其所带来的经济价值、精神价值，不用多说，每个人都会心知肚明。

4. 引流消费

有了完美的构架及核心的思想理念，自然就要在行动上有所作为。不管是生产产品，还是运作内容，其核心目的就是在消费引流的过程中创造利润和价值。这时候采取怎样的运营策略来引起消费者的关注和购买，就成了所有"男神"颜值经济中不可忽略的组成部分。情怀做足了，推广成熟了，消费者的购买欲望被催化了，完整的消费体系随着流量的裂变而不断地产生变现，最终转化为真实的货币价值，成为颜值经济运营者手中稳赚的工具。由此看来，这一步不论什么时候，对于经济运营的成功而言，都是再重要不过的事情了。

做到了这几步，接下来就是满满的红利价值了。随着有计划地运营推进，一种高峰值、高颜值经济的运营方式便开始在很自然的"率性风格"诠释下，一步步登上利润变现、财富提现的舞台。当新消费在高颜值"男神"的精神内容运作下一步步向产品经济靠拢，稳定的流程化运作必然会推动稳定的利润价值变现。而当精神内容与经济格局完美地结合在一起时，即便是在手机上随意发一个朋友圈，随处可见的价值红利就会无形地进入"男神"的利润钱袋。问及原因，其实很简单：当一个人从精神和物质上给予了需求者最高规格的满足，作为满足的回馈，他所得到的，也一定是一块富足而肥沃的土地；当这片土地在精心的运作下，成为完美的经济闭环时，流量的生态圈运作将会源源不断地给予他超高的财富裂变。这一切都是颜值经济体制下最完美的弧线。谁能将其运作好，谁就是受红利青睐的人；谁能将一切运作到极致，谁就享有极致的颜值变现。而这一切的起初，很可能就在于你，一个标杆性"男神"的敏锐的观察，一场立足于需求的巧妙运作。

一秒翻身变好看，做局破局手不慢

如今"他经济"已经火爆地将消费的烈焰传递到了大江南北。很多人都不理解，为什么现在的男人开始对自己的颜值这么上心？他们会关注化妆品，关注着装，更重要的是，他们也开始像女生一样不断地去刷化妆美颜的教学视频。于是有人惊呼："现在的男人到底是怎么了？"问及原因，有些人的答案是："想到只需要雕虫小技就可以让自己秒变帅男，内心的亢奋就无以言表。我开始意识到这一切不是不可能，至少在视频上有人做到了。"

就颜值经济运营这件事，一个帅气的"男神"主播发出这样的感慨：

"其实当时的我就是觉得好玩儿，于是就在化妆技巧上认真地花了一番心思。起初，我把自己描绘得很'丧'，然后带着这种'丧'，一步步地设计视频号的剧情，今天'油腻男'遇到初恋，明天'颓废男'应聘于美女老板，在紧要关头，化妆术救了他，本来有损自尊的颓丧感瞬间荡然无存，站在她们面前的，就是一个英俊潇洒、清爽帅气的'男神'。其实故事的构造很简单，拍摄的内容也并不复杂，但就是迎合了很多男人心中的需求，好像冥冥之中道出了他们一直以来的难言之隐。于是有人开始偷偷留言问：'能教教我吗？'我的新教程业务就此开展了。当然只谈怎样化妆还不够，还得学会选择最好的化妆工具和化妆品。我秉持良心的选品策略，帮助他们找到最适合自己的化妆产品，随后，便开始售卖自己的男性美妆课程、穿搭课程，就这样我的'粉丝'越来越多，无形中成就的帅哥也越来越多。我和很多人默契地成为朋友，他们也在优化颜值方面越发地信任我。就这样，我开了自己的网店、微店，在完善颜值剧本的同时，源源不断地与他们分享蜕变经验，与他们一同探讨情感历程。总而言之，我感觉自己就成了他们身边的心理顾问、情感顾问、颜值顾问和生活顾问，而我保姆式的陪伴也让我在提升颜值生活的同时，收获了更广泛的红利。"

看到这些，不知道同样作为男性的你，心里到底作何感想？每个人都有人生的快意和失意，所有的需求，与其说是物性的，其实追根究底，永远是从心理效应开始的。因为内心对某种呈现有了构想，但又不知道是什么，所以将这些构想转变成商品，将其所能带来的一切鲜活地呈现在大家眼前的人，就成了这一需求领域红利青睐的对象，也成了产品运营资本下最早的受益人。

所以，要想抓住钱的"龙头"，首先要做的不是追着别人的创意跑，而是立足于人内心的需求、本能的期待，看看里面到底有哪些自己可以做的事情，可以推动的事情，可以通过进一步的运营创造获得收益的事情。从这一点来说，与其说是在运营经济，不如说是在经营欲望。当这种欲望形成一种特立独行的时尚概念，当这种概念作用于群体并将大众划分到认同于概念潮流的消费行列，当一种消费带动一种文化，其鲜活的节奏感就在无形中引领了精神价值向物质价值的转变。

说到这儿或许很多"男神"心中多出了几个问号："钱在哪里？别人的需求在哪里？创意在哪里？文化在哪里？潮流在哪里？资源又在哪里？"如今这个时代，无中生有，有中裂变的可能性是相当大的。时代赋予了每个人生活方式的自由，以至于我们可以根据自己的创意打造属于自己的格局，定义自己生态体系链中的对生活的态度和潮流模式。当这种模式开始在人群中发生作用，开始在无形中形成了一张认同的网络，毫无疑问，你已经拥有了属于自己的对的流量群体。当群体将你的品牌视为生活中消费的首选，当他们在购买类似产品的时候，脑海中首先蹦出来的形象就是你，当他们觉得除了选择你，没有其他人会让他们更放心，由此你为什么不去勇敢地尝试？尽管成功的路上充满挑战，不断运作的路上依旧存在试错的痛苦，但只要抓住了消费主流的核心，秒变富也真的很可能实现。

第三章 绑定风口：那些"率性焦点"运作背后的"财富默契"

颜值巅峰系数，爆单刷亮位数

打开某短视频平台，时不时地就会蹦出一个英俊潇洒的男子。他们有的在镜头前亮出完美的肌肉，有的在穿搭上别具一格，也有的一身淡雅古风，仿佛穿越到了很久以前……就这样，小小的一个短视频，赢得成千上万人的关注、点赞，其作者自然也就成了不少商家纷纷追逐的对象。

"我是在上个星期接到一款品牌汽车的邀请为他们拍摄广告的。"一位网红"男神"说道，"早前因为喜欢古风装扮，我在妆容修饰上可谓煞费苦心，起初拍视频也没有几个人看，但我没有泄气，不管有人没人，都用心地坚持拍摄，坚持在古风形象上进行雕琢。最终我的作品进入了大家关注的视野，点击率不断飙升，我也有了属于自己的铁杆'粉丝'。这是一桩何等快意的事！直到有一天我翻看视频时，发现关注的人已经多达一百万，内心几乎颤抖着对自己说：'哥们，好像你真的火了！'于是，我开始频繁与'粉丝'互动，并开始与商家联系。起初不过是销售一些日化产品，但随着我的作品不断花样翻新，我意识到，自己所能做的事情其实根本不止于此。我开始装扮成古代的俊朗公子，入驻高端房地产；开始化装成仙气飘飘的神仙，坐在几百万的豪车中品味红酒。我成了很多名胜古迹的形象代言人，作品成了他们大屏幕上频繁播放的典范。我成了很多大型品牌购物中心争抢的对象，成了他们汉服营销工作中不可忽略的关键的一环。就这样，我带着我的'帅'，闯出了一片天地。这种感觉实在太美好了，以至于每天面对镜子，我都觉得越看心情越好。我开始有更多的资本来制作自己的作品，让生命中的每一天都快乐而精致。而我所代言的品牌也因我形象内容的运作而出现了爆单的现象，他们将我视为成就高额利润的重要砝码，而我在帮助别人赚钱的同时，也让自己拥有了更有价值的生活。这个世界上没有一蹴而就的成功，如果你真的不懂得如何从外赚钱，那么反过来朝内经营自己，总归都是没错的。"

对于颜值运营这件事，除了维系好自己的峰值底色外，更重要的内容在于以怎样的方式去运作它，以怎样的智慧去赢得价值变现，倘若能摸清这条脉络，其所能给人生带来的除成功以外，更多的是实现自我价值的惊喜和快乐。那么，怎样提升自己的品牌，又怎样提升产品的爆单频率呢？

其实方法很简单，只要做到以下几件事，就完全可以解决这个问题。

1. 确定内容核心

很多"男神"在经营业务的时候，思路非常散乱，今天展示健身，明天展示古装，后天又开始运营穿搭设计，关注者也颇感迷惑，心想："这帅哥长得不错，但他到底想做什么呢？"

所以，在自我运作这件事上，首先要做的就是为自己设定一条主线，也就是所经营内容的中心思想。我们需要搞清楚自己运作这个视频号的主要目的是什么，这也最终决定了未来作品所对接的合作对象和产品对象。对于自我精准运营来讲，我们既要知道自己想要什么，也要知道自己想做什么，更要知道自己接下来一步该怎么运作。唯有将这些问题都搞清楚，接下来的一切才会在自己的规划中稳定进行，一步步地接近目标，走上成功的轨道。

2. 优化内容运作

有了核心思想，接下来就要优化内容运作。毕竟，再好的创意，再完美的想象力，若是一切只是自己脑海中的一个概念，别人又怎么会知道呢？想要让别人接受自己的创意，认同自己设计出来的潮流概念，首先要秉持的就是内容为王的策略。这个世界需要的是思想的带入者。他不但提出了创意，还能把创意变成故事。他会带着自己的故事打造视觉感强烈的场景和情节。当所有人的眼球都为之吸引，毫无疑问，其内容效果已经初见端倪了。

所以对于一个"男神"而言，尽管其终极目标是价值变现，但在内容创作的初始阶段，我们所要做的是在隐藏目的的同时，为自己后续的经济运营打好基础。我们需要在优质的内容中为自己进一步的经济运作打好基础，等到盈利风口来的时候，只需稍作精化，滚滚而来的红利便轻轻松松地成功落地了。

3. 优化客户端体验

既然内容的运营就是为了最大限度地引发关注，最终达成潮流概念的认同，最大限度地促成消费，那么在内容中首先要强化的就是客户端对产品的观感和体验。倘若直白地推销，说某某产品好，即便你长得再帅，也难免招致别人的反感；倘若直接表达出赚钱的功利心，这样的内容又未免太低级了。

那么，究竟怎么做才能解决这个棘手的问题呢？其实方法是有很多种的。比方说有的俊男走的是古风俊朗的路线，那么安排自己的衣食住行时，都可以伴随着内容优化的运作，以期成为别人关注的焦点。如果他想推销的是一款糕点，那就尽可能在尽览一番梨花风月后，自然地将产品带入视角，这样不但不会让人觉得厌倦，反而为产品增加了一层清雅意韵，更有代入感。如果别人有需要，接受起来也会更自然。

说到这里，恐怕很多"男神"都对如何优化产品爆单流程有了一个初步的了解。倘若这个时候，你对后续如何运作自己的产品和内容有了属于自己的规划，那么不如找出一张白纸，将每一步的流程罗列编排起来，毕竟产品利润的峰值运作，是需要在一个又一个优化的细节中落地实现的，唯有精准地优化好自己的步骤，才能在维系颜值巅峰的同时，将高颜值的爆单风口牢牢地抓在手中。

"大数据"算法下的增值堡垒

"我长得帅,也会优化自我,但是风口在哪里我不知道。为什么别人成功了,我却连门都摸不着?问题究竟出在哪里?谁能给我答案?"一位帅哥在网络留言板上抱怨般说道,"我觉得我不比别人差,但为什么别人就提前发现了我看不到的东西?难不成是成功之神只看得上他们却看不上我?"

读到这里恐怕很多英俊的"男神"都要彼此面面相觑,明白问题出在哪儿的会心一笑,不明白的则大感同病相怜。那么究竟问题出在哪里呢?常言说得好,做生意要讲求精准的眼光。聪明的人知道把钱放在哪里会生钱,知道把店铺开在哪里有财运;他们不但知道生意该怎么做,还知道怎么让有需求的客户不断裂变增长;他们既知道如何快速满足客户需求,也知道如何引领客户的消费潮流以获得更高的利润。这一切看似无形,他们却在无形中操控了赚钱的整个局面。于是有人便开始感慨,这些人不是人精,就是财神转世,要不怎么人家能看到的机会,我却什么都不知道呢？

问题究竟出在哪儿呢？首先就是自己生意的定位。我们不妨问问自己：我为什么非要做这个生意，而不去做别的生意？做这个生意有多少客户会买账？以什么样的形式经营这个生意，才能最大限度地获得他们心理和物质层次上的认同？如果此时真的有竞争对手存在，我有什么把握能让别人只想到我而不是其他人？还有，客户进来了，是一单子买卖终结，还是"吞天噬地"将有关他的所有资源客户通通留下？以什么方式让他们更愿意选择我，以什么方式让更多的人快速地发现我，随后我又该以什么样的方式扩大我的资源裂变，然后一步步地打造一个属于自己的红利生态链，实现真正意义上的闭环式商业帝国？倘若你连走何种路线都没想过，那么这里只好说一声："帅哥，现在你知道自己差得有多远了吧？"

观察一桩生意能不能成功，首先要做的就是市场调研，但一拍脑袋就干的调研是很难做到完全真实、完全精准的。一拍脑袋随便看看，紧跟着便再一拍脑袋运作产品，再按照自己的想法一拍脑袋开始搞运营。你觉得一切都严丝合缝，但事实却直接给了你一巴掌。原因很简单，你的想法再好也只是你的想法，你面向的是大众消费者的需求。换句话说，想要赢得真正的红利，你的想法其实并不是那么重要，重要的是别人是不是跟你想的一样，是不是能接受你的理念，是不是认同你的想法。如果你自己在台上兢兢业业地唱戏，台下的所有人要么打哈欠要么看手表，你就算从头唱到尾，照样也是徒劳无功。即便你真的很帅，真的很有才华，这样的痛苦营销运作，又有什么用呢？

所以，针对这个问题，我们首先要搞清楚，自己真实的客户是谁？什么年龄段？为什么要看上你的产品？他们对产品的需求是什么？倘若你连这些问题都没弄明白，那就不要草率地投入资本去做。说到这儿，或许你会说，既然市场调研有着一定的盲目性，我又不是特别了解自己的客户想要什么，我到底该通过什么方法获得客户，又怎么把他们全部留下来呢？其实办法只有一个，那就是："在相信你大脑推理之前，一定要深入地分析数据。"

例如，此时的你就是想依仗个人IP搞"他经济"，那么首先你要对自己可选择的经济领域进行一个全方位的考察。现在针对男性颜值需求的领域到底都有些什么？哪些领域在数据上体现的内容需求多，而其所能带来的产品内容却有明显空白？这些需求的人都在什么年龄段？处于什么样的职业范围？消费能力如何？他们平常会采取什么样的方式采购产品？而其采购产品所遵循的原则规律又是什么样的？他们一般会在什么时间段选择购买类似的产品？购买的数量是多少？是囤货还是即买即用？他们一年中的产品购买量是多少？他们在购买产品的同时渴望得到什么形式的服务？这个服务的系统架构模式应该是怎样的？若是遵循这种模式，有多少人认同你进一步的资源裂变，将你的品牌作为首选融入自己消费的概念？这些内容的思考，都不能依据你凭空而来的想法，而是要依据真实的数据资料。

不可否认，这个时代的大数据赋予了我们每一个人更精确化的思考依据，我们不再以想当然的方式去运作任何一个机会，而是以真正详尽的数据为参考来进行细致的设计和判断。既要知道这件事能不能这么做，又要看清自己到底该怎么做；既要知道需求在哪里，又要知道这些需求该怎么加以利用。于是，我们有了新颖的获得客户的方法、渗透消费心理的内容运作、新型模式的产品营销思路、高维度的资本裂变策略。别说人家为什么跟你不一样，因为站在数据基础上所建立起来的策略和判断，就是比你一拍脑袋得来的灵感管用。

所以这里想说的是，拥有俊朗的外表，算是一个先天成就的资本，但如何将资本进行有效的运作，如何在"男神"堆里脱颖而出，如何赚到别人赚不到的红利，除了精细化的体系运作，更多地在于你对数据的全面理解。这或许就是成功的基础，也是我们超前式运作、融入经济蓝海的核心战略。尽管数据的资源极其庞大，所要掌握的内容也非常复杂，但只要厘清脉络，你就会发现，原来金闪闪的财路就在不远处等着自己呢！

个性化需求和介入性生产

"我承认我所服务的就是小众群体，我不需要大众的广泛青睐，我只需要找到和我志同道合、认同我的那些人。他们是我的同流中人，是我服务的对象，除此之外，我才不会在意其他人怎么看我。"一个俊男"网红"这样说道，"他们和我有什么关系，倘若他们连我做的是什么，想要表达的是什么都不了解，甚至不认同，那我跟这些人费半天劲又有什么意思？"

看到这样的表述，也许作为"他经济"的运营者，你会有属于自己的看法。也许此时你认为赚钱自然要赚更多人的钱，搞小众经济不就等同于局限自己了吗？其实并不尽然，如今消费者的消费理念，已经与之前大不相同。曾经的获客方式无非是找一些帅男美女拍广告，然后大肆在各大广告平台上吸引消费者的眼球，唯有如此，大家才会知道。而就消费者而言，了解商品的渠道，也就仅局限在那么几个领域罢了。现如今，消费者了解产品的渠道非常广泛，打开手机上网搜索，许多条同类商品的信息便瞬间映入眼帘。若是普及化产品营销将永远有人比你做得更精致，永远有人比你卖得更便宜，永远有人占领大量流量之后比你享有更多的资源，并拥有更强的获得客户的实力。既然有那么多人"永远都比你强"，那么消费者有消费需求时为什么会第一个想到你呢？答案很简单：你能给予他们别人所不能给予的唯一性。这种给别人所不能给予的，就能帮你赢得广大消费者的认同。

这时很多朋友要问，既然别人都做得那么好了，人家凭什么看上你？这里最核心的要素恐怕只有两个字，那就是"内容"。同样的产品，别人经营的是质量，而你在经营质量的同时，经营出了别人渴望成就的画面感。这里面有场景，有故事，有对理念的诠释，有雅致的生活瞬间，于是人们开始对其所诠释的内容产生感觉，相信了感觉的真实，并渴望将这种美好的感觉延续下去。因为秉持这样的理念，他们会将你所赋予的精神意识，一点点地集中在你所营销的产品中。他们记住了你的形象，信赖了你的IP，同时对你营销的产品内容产生极度的渴望，以至于最终他们觉得，倘若此时能把你所营销的产品全部搬回家，他们就可以照着你所描绘的感觉，过上自己想过的生活，拥有理想的生活状态。而这就是个性化运营中的介入化生产。不仅介入了你的需求，还介入了你对生活的感受和理想，当人们在意识中认同，这一切都能给自己带来更好的生活感受，哪怕只是短暂的一瞬，也足以达到营销的效果。若是产品和打造的生活理念，经过完美结合，并源源不断地与产出内容作出呼应，毫无疑问，只要你的受众群体买账，不需要在获得客户标的上掀起太多的波澜，只要他们在信念中能认同你所设计的个性，你就有可能成为他们心中消费品牌的首选，成为他们愿意有针对性持续投入的 Number 1。这不是因为你的产品质量有多优秀，也不是因为它们的功能有多完美，而在于你满足了他们内心的灵魂需求，让他们在情怀建设中，找到了一个更满意的自己。

所以，不如现在就通过数据分析，好好了解一下大众的内心需求，当这个核心被英俊的"男神"牢牢地把握在手里，只要你能够深刻地明白客户消费的目的、内心的需求，便可以有针对性地在此基础上打造属于自己的内容。

曾经有一个"男神"这样说："当年我为了找到男士的消费需求，跟不同年龄阶段的男士深入地交流过，面对他们对自己容颜的焦虑和惆怅，我默默地将他们的内心需求记录在笔记本上，回到家反复思考我到底能针对这些需求做些什么。于是我用精湛的化妆术，为无数男士重塑英俊外表建立可能。随后我便秉持自己的优势组织内容，亲自在短视频的剧本里担当角色，告诉他们油腻男如何秒变'男神'，告诉他们只需要用对产品，掌握一流的化妆技巧，就可以实现完美变身。就这么简单，我成功了，我的粉丝量暴涨，以至于很多男生都在私信里偷偷地拜师学艺。就这样，我有了自己的业务，也打造了自己的团队，我的商业模式因此而日渐稳定。而我的'粉丝'，在超级稳定的同时，始终对我秉持着一份感激和忠实的信任。这就是我和别人不一样的地方，抓住了别人的痛点，然后将痛点放大，源源不断地用内容戳痛他们的需求，在让他们痛苦之后，回过头寻找我、感激我、追随我。"

这个世界上的商品千篇一律，但营销商品的方式却千变万化，找到让别人最愿意买账的方式，用心地去经营他们的痛点和情怀，将内容刻进他们的意识和心里，用鲜活的画面刺激他们的感受和知觉。当这种内容的美好在他们的情感中泛滥，当这种泛滥激化了他们的行动，毫无疑问，你的介入性生产已经成功了一半，后续的内容，不过是将产品优化，让它的规格与研发的内容更匹配，更能展现其内涵，促进迫切的消费行动，然后一步步地将感觉延续，将 IP 延续。

"网红"路线，"帅男人"营销运作的新战场

"我知道你长得帅，还知道你在网络视频上更帅。"一位铁杆"粉丝"一边在心仪"男神"的直播中递上鲜花，一边感慨地说，"感谢你陪伴了我这么久，我也因为你的存在而拥有了更完美的自己。"

现在"网红营销"早已算不上什么热门词语，由于传播速度快，获得流量的方式稳定，它已经渐渐被广大消费者接受。明明是同样的产品，但消费者一定会去自己最喜欢的"网红"那下单。明明每天晚上就那么点时间，但"粉丝"一定要赶在你直播的时候去看你。仅仅凭借一台手机，说话的人精致，听话的人诚恳，字里行间，分分秒秒，个人 IP 文化就这样从一个英俊男人在网络的倾力营销中绽放出来。人们不但看到了一张俊朗的脸，还从另一个侧面接受了他品牌运作下的内容。同样的产品，在他的"网红"身份助推下，所演绎出的情感就是与别人不同。于是人们爱上了他的语言，爱上了他的直播，爱上了他推销的产品，爱上了他的一切。

说到"网红"营销，他的营销形式从来都是与别人不同的，虽说是一种特色的营销模式，却满载着"网红"的个人IP效应。它不但能够把品牌信息传递到更大的市场，还能在自带流量的同时，将所推销的产品打造成应季爆品。只要是他代言宣传的产品，就会有很多前来追捧购买的"粉丝"。不但销售利润丰厚，还能顺势引发潮流意识，将小小的商品在内容研发的情怀效应中，一步步地推向销售狂潮。这在几十年前被视作不可能的事，却在这个全新的时代，带来无限机遇。网络带给了每一个人展示自我的机会，也从另一个层面开拓了全新的营销渠道，既能够广泛获得客户，又能最大限度地降低成本。

就此，"网红"事业成了广大"男神"的全新战场。它不但给予了他们更多引流变现的机会，还让他们在增进"粉丝"亲密度的同时，以全新方式为"粉丝"开展更贴心、更良心的服务。从理论上来说，"网红"营销，同时与另外两种营销模式紧密相连，一种源自社交媒体，一种源自其产出的内容。大多数的"网红"推广，都是一种与社交媒体营销的融合，"网红"凭借个人的流量和影响力，通过自媒体的传播和广告内容的生产，使原本普通的产品拥有了更为鲜明的个性，秉持其营造出来的潮流气质，最终被打造出与众不同的卖点。卖家可以通过"网红"制作出来的内容，或是其标新立异的创造，有针对性地对自己的产品进行运作推广。就此，产品不再是单一的产品，而是有故事、有情怀、有内涵的情感倾注对象。所以，一旦确定了购买的目标群体，找到可以带动直接购买影响的"网红"，再加上有针对性的营销活动运作，想要最大范围的盈利，从成本投入，到获利运营，想要赚钱，也不算一件多么困难的事。

那么作为一个想要做"网红"营销的男神来说，究竟应该如何有效地运作个人IP，最终达成可观的获利呢？下面就将最关键的几点予以总结，希望对广大男性朋友在运营"他经济"上有一个前瞻性的参考。

1. 社交媒体经济运营

生意想长久，先要交朋友。但凡是想在经济上搞点事情，首先就要把人气搞上来。那么，哪里能够找到人呢？毫无疑问，就得先从公域流量庞大的社交媒体开始。对于想成为"网红"的"帅男人"来说，首先自己要搞定的就是客源的需求和自己的定位。我想做什么生意，这些生意最稳定的客源都是哪些人；作为"网红"应该给予他们什么样的服务，又应该怎样引发他们的关注，从而有效地对自己的社交资产进行运营；如何让对方在海量的网络社交平台上看见自己、关注自己，最终作为铁杆"粉丝"来拥护自己。这些都是我们提前要思考的问题，也需要认真调查分析，依靠各种大数据测评调研，最终梳理出来可行的行动脉络。

2. 内容营销运作

有了精准的获得客户的定位，接下来就要看内容这台戏怎么唱了。

毫无疑问,内容就好比是唱戏,戏唱得精彩,才会有更多人围观。人们围观的时间久了,自然会对你的个人IP产生下意识的关注习惯。倘若人们随着内容的衍生逐步入戏,进入你设计好的每一个购买情节,那么毫无疑问,只要搞定合适的产品内容,你作为"网红"的营销能力就能得到可靠保证。当你的身边永远稳定着充足的"粉丝"客源,当你的内容每次都被他们刻意地点赞收藏,其所带来的价值,就会渐渐显露出来,而这就是流量提现中最关键的一步,也是不断创造利润、赢得收益裂变的重要契机。

3.运营自己的"流量生态圈"文化

当公域流量通过精彩的内容创作逐渐稳定以后,作为智慧的"网红"运营"男神",就要下意识地将公域中的流量向私域流量进行转化。当身边的铁杆"粉丝"在会员的丰厚利诱下进入自己的私域,创造玩儿法的事情,就不再由别人说了算了。我们可以与铁杆"粉丝"强强联手,在流量裂变作用下运作起自己庞大的变现生态圈。在这个过程中依然会源源不断地产出精彩的内容,依然会闪亮出"男神"耀眼的光环。但与之前不同的是,此时的客户正在成为我们最亲密的合作伙伴,甚至成为我们事业的直接股东。我们给予"粉丝"的服务除了内容的产出外,也变得更加多元化、人性化、良心化。大家不但从精神上获得了滋养,同时在购物上获得了最为满意的消费。他们不但愿意自己在经济上进行投入,还愿意以自己为裂变原子，带动更多的亲朋好友认准你来消费。当这种带动形成庞大的规模和趋势，毫无疑问，这时候想要获利，自然是一件既轻松又容易的事情。

看到这儿，你或许已经对"网红"营销战场的打法略知一二了。其实就运营来说，除有效的营销思路外，最重要的环节就是内容的产出。唯有在内容上打造坚实基础，我们财富的金字塔才会越来越高。所以，"男神"们，现在就开始在各自"网红"运营的战场上，开拓进取，勇猛奋进吧！

"帅哥经济"下的360度IP运营

所有人都知道"他经济"内涵中的无限商机，但究竟这块蛋糕该怎么啃？里面的运营红利该怎么分？如何最大限度地激发消费者的眼球效应？就成为迫切想要成就"帅哥经济"个人IP的你一定要认真考虑的问题。如何最大限度地进行个人IP的运营，是单纯地带货，还是做文化、做平台？是单一的成交消费，还是在完成私域变现后，做裂变、做生态，打造属于自己的流量变现帝国？每个人的视角不同，自然做出的选择就各有不同。那么如何切实有效地打造个人IP，将自己的品牌推向更有发展机遇的金字塔顶端，站在更高的维度看待运营和收益？又如何有效地利用资源，在创意内容的变现中，达成自己想要达成的一切呢？

常言说得好："红利有多大，格局就有多大。"这句话可谓真实不虚。对于个人而言，与"钱进"连接的过程肯定要经历三大境界，也象征着三个不同阶段的格局转型。

第一个阶段是挣钱。其核心的整合对象是客户，而自己的个人定位仅仅是一个卖家，这时候人所秉持的思维，仅仅是一个工作思维，抑或是商家的思维，认为我把货卖给你，我的工作就算完成了，只要钱一进口袋，我就与你这个顾客再没有任何往来的必要。

第二个阶段是赚钱。这个时候的人手里有了一些资源，在经过一番资源整合后，发现倘若此时的自己能在资源整合的过程中自主地打造一个平台，那就等同于成了所有资源上线的庄家，只要下游赚钱的人能赚到钱，自己的经济红利就会保持稳定。他们所服务的对象，就是那些能够给自己赚到钱的人，只要他们的价值体系存在，自己在平台运营上就一定可以赚到属于自己的金子。

第三个阶段是聚钱。赚钱的思想还是有局限的，局限就在于其所针对的资源对象不具有完全的自主商业运营能力。而对于真正对钱有感觉的人而言，他们同样会整合资本，但他们整合的资源永远是最有眼光、最有能力、最能够自主拍板做生意的老板。试想一下，倘若此时你的资源库里是100个老板，而别人的资源库里是1000个只会单一卖货的普通人，那谁赢谁输就不能以数字多少来衡量了。而这时自己所打造的是一条聚钱供应链。这样的商业运营模式，就是站在红利的中心点上，进行机关性思维的营销运营模式，因为你手里的每一个资源背后都是千军万马，所以只要锁定住这些最优质的资源，想做点什么，那还不是手到擒来的事儿吗？

由此看来，对于"他经济"的运营策略而言，若只是想挣钱，你将永远站在金字塔的底层，永远都是一个帮助别人卖货的线上售货员。但倘若你站在聚钱的基础点位上，就要考虑怎样才能结识高端的人脉资源，即便此时站在你面前的某某只是一个普通的线上售货员，至少也要把他用力地往上拔一拔，让他找到在你这里可以当老板的感觉。

举个例子，曾经有一个一边做视频号、一边经营古装照相馆生意的"男神"，就分享了自己的品牌运营经验。

"起初我在视频内容上特别精心地进行创意制作，随后将这种创意频繁地发在我照相馆客户微信群里。时间长了，就会有很多朋友对我打造出来的产品感兴趣，问我能不能拍一套自己的写真集。于是我满口答应，并在照相和化妆处理的时候极其用心，于是照片在计算机上一亮相，每一张都满意。但是我告诉那些帅哥朋友，照片虽好，却只能选择有限的数量，剩下的都会被删掉。倘若他们能够邀请三位客户进群，剩下的照片就可以免费送给他们。

"于是我就看到这些穿着古装造型的小公子们一个个坐在房间里，发起短信来，大概两个小时，他们就会把自己所有能联系的人呼叫一个遍，最终兑现获得客户的需求，免费拿到自己心仪的照片。这时候我会告诉他们，如果你们能将这些客户拉进一个与我有关的客户群，自主地运营这些精准客户'粉丝'，并在一个月内达成10单，便可以免费地获得照相馆的一套经典的古装造型写真集。此外，如果运作的效果特别好，达成了30单以上，还可以在照相馆这些订单盈利的基础上享受分红。如果能够为照相馆引流300个以上的精准客户，便可以在享受红利的同时，成为持有照相馆1%总盈利的股东。这样一来，这些年轻小帅哥的积极性被彻底激发出来，他们想尽一切办法进行拓客，最终我的精准客户'粉丝'量爆增，从一套写真集，到这么多的获客机遇，这点让利又算得了什么呢？

"现在我经常和那些拓客能力强、对古装造型极其痴迷的小帅哥们一起吃饭、喝茶、聊天。他们对于我来说再也不是客户，而是并肩作战的战友。我们会一起集合精准客户做直播，会一起发挥创造力去开拓创意内容。我们经常会利用强大的社群联网开展各种各样的活动，有些在线上，有些在线下。比如，前一段时间我们就利用线上直播与线下活动并行的形式，开展了一次大型的古装造型走秀活动。看着海量的帅哥穿戴整齐、仙气飘飘前来应会，整个拍摄订单火爆的场面就连我都被吓了一跳。由此可见，想要做自己的个人IP，其实方法并不难，只要你把客户当作朋友，只要你能拉拢他们成为你的合伙人，只要每一个合伙人都能源源不断地给你带来利润，让他们找到做老板的感觉，那么优质的个人IP不就水到渠成了？现在我的这些伙伴，都已经开辟了属于自己的个人IP，带着自己的品牌效应精准获得客户，并进行宣传营销，中间也会推广一些其他的产品。但不管怎样，看着他们成功我很高兴，因为他们的成功也见证了我的成功，真希望这样美好的氛围能够持续下去。"

　　看到这些内容，想必渴望实现个人IP的你也蠢蠢欲动。其实对于IP建设这件事，方法并不难，难的是自己无法建立完善的智慧运营体系。当整个框架井然有序地被搭建起来，聚拢到自己身边的优质资源会越来越多；当他们都以老板的身份和自己站在一起，那么，站在这些人肩膀上的你，在获利问题上吃亏又能吃到哪儿去呢？

第四章 产业变现：一张"男神"连脉的"金钱聚宝图"

"零"距离，撬动"他经济"的"颜值杠杆"

在这个经济飞速发展的新时代，不同的细分市场，都孕育着巨大的商机。随着男性护肤品市场的飞速发展，男性对于颜值的需求，伴随着其强大的购买力，已经在当下经济体系中得到最直观、最生动的诠释。根据唯品会与京东联合发布的《中国两性消费趋势报告》不难看出，目前中国男性护肤品市场的规模已经超过百亿元。这样令人惊叹的数字，其中蕴含着多少发展的前景和机会，聪明的人都心知肚明。

如此惊人的发展速度，无疑为国内的护肤品品牌创造了全新的发展机会，同时推动了互联网营销、销售类服务的蓬勃发展。对于这个追求高维度奢华、高品位精致、高层级时尚、高韵味得体的男性消费群体而言，如何锻造他们的消费理念，如何设计他们的消费生活，如何有效地构架他们的消费氛围和购物理由，就成了当下运营者最需要考虑的问题。它不但需要我们更好地优化产品品质，完善品牌进一步的精细化处理，不断深挖"他经济"的市场潜力，还需要我们有效地构建自己的营销系统，完善属于自己的缜密化营销思维，这样才能在男性颜值经济这个庞大的细分市场，释放出属于自己的那份精致化营销气质和完美的品牌核心魅力。

那么，什么才是撬动男性颜值经济的核心杠杆呢？回答这个问题之前，让我们先来看这样一组惊人的数据。

男性的消费意识被悄然唤醒，社会各阶层的男性同胞们开始对自己的颜值有了更高的要求，市场的细分也因此掀起了强大的红利刺激，而这一切无疑都是推动男性经济崛起和发展的重要因素。《2020年中国国货美妆发展趋势报告》显示，男性专用的综合护理产品，2019年男士护理产品成交40亿元，比2018年增长了24.5%。而男性彩妆成交额在2019年已经达到了3.3亿元。在这样的新消费浪潮下，为迎合男性颜值要求所打造出来的新品牌如雨后春笋般强劲生长。企查查检索数据显示，从2016年到2021年，单"男士护肤品/男士专用化妆品"这一项相关的企业注册量就已经呈现出相当可观的增长态势；仅2020年这一年，所检索到的相关企业注册量就已经高达1681家。由此看来，"他经济"红利板块庞大的利润潜在市场，已经越来越受到商家们的关注和青睐。而现如今男性颜值消费的概念和格局，也已经远远不是曾经的样子。谁能切实有效地迎合帅男人的购物心理，谁就能最大限度地撬动"他经济"的核心杠杆，在坐拥红利的同时，拥有无限量的发展机遇。

1. 消费者定位：标新立异的人群画像

生活中，我们不难发现男性消费群体最为偏爱的消费内容是个人护理类、运动健身类和市场搭配类颜值产品，而在选择产品的时候更加习惯于坚持务实的理念，极其推崇产品效果、品质安全和是不是真的适合自己。

2. 消费信念塑造：谁说化妆＝"娘"？

十年前，一提到男人化妆，人们首先就会将其与一个"娘"字画上等号，好像男性天生就应该素面朝天，这样才能彰显出一个男人的本色。但如今，就化妆和护肤这件事，早已经成为男性消费群体中再平常不过的事情，而这就是"他经济"消费杠杆中消费信念重塑的产物。倘若优质的粉底能够遮盖粗大的毛孔，让自己的肌肤看起来水嫩饱满，那为什么要让自己的缺陷暴露于众目睽睽之下呢？倘若优质的护肤品能够让自己的状态更加年轻，那为什么要不加修饰地让自己呈现衰老状态呢？倘若精致化妆技术能够让自己站在镜子面前拥有更多的自信，那对这张脸再怎么修饰也不为过。原因很简单——我的身体我做主。秉持这种霸道的消费观念，男性颜值消费带动男性想要变美的信念，成了整个消费市场中的主流。想要变美是我的事，如何变美也是我的事。只要"男神"梦存在，不懈的追求就始终存在。

3. 产品格局转变：更精致化的细分市场

随着各大时尚品牌陆续涉足男性的颜值潮流消费领域，男性颜值消费迎来了强大的增长点，也就此掀开了一个更加精致化的细分消费市场。而这意味着，男性视觉中的一切颜值产品随着格局的改变被赋予了更加多元化的内容和包装设计。

例如，一向专注于女性消费市场的香奈儿，让很多的男男女女一起坐在专柜前，一个个试用口红。这一壮举对于成立了108年的香奈儿来说，可以算是史无前例的，而且竟然是专门为男士产品线设立的。

除此之外，日本四大美妆集团之一的Pola Orbis推出了日本首个含彩妆线的男士美妆品牌Fiveism×Three，特别在男性美妆个性主题上进行了精心的打造，推出了一系列男性彩妆系列，不分年龄，只为兑现男性展现自我的渴望，并在提升品牌品位的同时，最大限度地满足男性对自我颜值打造的各种特殊要求。

就此，撬动男性颜值经济的杠杆开始站在更高的维度，以高层次的品位、高细致度的营销运作理念，一步步地撬动红利板块，以全新而广阔的发展态势步入我们的视野。而对于一个想要涉足其中的运营者而言，在男性颜值经济中，除要精准把握购物群体，认真推敲产品内容理念以外，更为重要的一点在于优化男性颜值需求的服务。如果我们能够从真正意义上、从信息和行动方法上带给他们最诚恳的建议和帮助，更辽阔的红利市场就会顺势向我们敞开大门。因为秉持着对客户的友谊和忠诚度的培养，更为精细化的运营将会带给我们更多的可能和商机。而这一切的开始，除定位以外，就看你在撬动经济杠杆的同时，如何创造属于自己的模式了。

精致boy如何打造自己的营销新程序

男性颜值经济市场就这样无声无息地在广大男士的倾力关注下，形成了巨大的风口。对此，有些人抱以谨慎的态度，有些人迫切地想要抓住机遇，有些人意识到挑战的来临，还有些人已经开始暗自策划如何通过一流的营销战略赢得这盘博弈。但不管怎么看，这块蛋糕都是无比巨大的，只要方向正确、策略正确、优化细节的方法正确，即便是小小的一个契机，也可能会成就后续浪尖无限量的收益。

那么，当下的精致 boy 如何站在风口，完善自己的营销新程序呢？毫无疑问，看对路才能迈开步，想要优化步骤，首先要做的就是为自己定下明确的坐标。怎么做才能赚到钱？怎么做才能稳定赚钱？怎么做才能让稳定下来的钱继续为自己赚钱？这些希望看似直白，却是每一个细节内容中必须考虑的问题。

从哲学角度来说，产品的诞生并不是来自物质本身，而是来自人们在生活中孕育的潜在意识。起初这种意识并没有被察觉，直到重复多了，人们才隐隐觉得那应该是一种需求。而有眼光的人会将这种需求从欲望角度转化为物性，创造出应对需求的物质，并将这种物质变现成价值，而这就是商品出现的真实意义。商品兑现了需求，因此伴随着使用价值的呈现，开始在需求者中流动，人们也就因此产生了商品社交和专属于商品的经济网络。就此，一张无形的变现之网开始在人类社会中无形运转。如何更好地将产品卖出去？什么样的设计能让对方看着更入眼？产品内部应该加入怎样的内涵和文化？究竟是应该单一卖产品还是将产品更进一步地归入情怀？这就是最初营销理念的诞生，也是无形价值变现的重要诠释。

而就"他经济"而言，以美妆领域为例，其核心原理同样遵从着这一重要原则。由于男性消费者的购买目的更强，对品质要求更高，所以不管是从产品的打造还是从营销策略方面的侧重，都要对应这一个特定的要求。首先我们要告诉对方"这款产品应该在什么样的情况下使用""倘若你选择了这款产品，将会拥有什么样的改变""它的品质是什么样的""使用它时的场景层次级别是什么样的""它能带给你怎样的利益和尊崇""它会从哪些方面让你拥有一个更满意的自己"……当这一系列问题伴随着细节的演绎一步步地在男性大脑中推演开来，抓住痛点后的产品，就会瞬间给对方眼前一亮的感觉。他们会秉持满足自己需求的目的开始购买产品，只要这些问题背后的承诺能够一一兑现，只要在此之前他们没有遇到比你的产品更合适的产品，毫无疑问，先入为主，你将占据他们80%的品牌忠诚度。

那么，怎样才能让自己的产品在消费者面前做到"一见它就有好心情"呢？答案很简单：第一，效果；第二，场景；第三，故事；第四，价格；第五，红利诱惑。下面就让我们针对这几大重点，全盘对营销步骤进行一个系统的梳理。

1.效果

消费者购买产品肯定源于需求和隐藏在需求背后的痛点。所以最精准的营销策略，就是要立竿见影地帮助对方变痛点为爽点。你不是有这方面的问题吗？我告诉你该怎么办。不但告诉你产品管用，还告诉你该怎么用。随后便直接展示给对方看，直接在皮肤上试给他看，于是他相信了，确实管用，品质一流，效果确实满意。这时困扰他的问题解决了，心情自然是一片大好，他觉得倘若这个时候不买，自己的状态肯定会退回从前。所以，只要经济上允许，他的脑子里就会不断地进行单曲循环："买吧，买吧，不买我会后悔的。"

2. 场景

想象一下，在什么样的场景之下，对方会坚决地购买呢？和女朋友一起逛街的时候？看到N多"男神"集体狂购的时候？或是某个瞬间，想要自己拿出来炫一把的时候？喝咖啡的时候？照镜子的时候？准备参加高档宴会的前夕，或是准备赴宴前任婚礼的时候？总而言之，这些场景无时无刻不在戳痛他的痛点，升华他的欲望，推动着他对自我的颜值进行改变。以至于每当这些场景在大脑中出现，他就会本能地想到你的产品，想到你的产品能给自己带来的一切，于是暗自对自己说："虽然很贵，但咬咬牙就买了吧！"

3. 故事

故事的内容首先要能够拉近自己与购买者之间的距离。告诉他们，别急，你的痛我都知道，这个世界谁也离不开生活。于是心中熟悉的场景伴随着故事的推演，一步步地刺痛了他们的心。此时他们会在内心忍不住地呐喊："故事的主人公不就是我吗？"紧接着又一个呐喊："难道这个产品就是为我而做的吗？"看完故事的结局，想到别人因变身而重获幸福，一股强大的信念便开始推动他们的选择："管不了那么多了，买它。"

4. 价格

有了好质量，有了好故事，有了耀眼的场景，接下来要做的就是拼价格了。同样款式的产品，同样的质地，有人卖几千块，买的人要的是身份；有人卖几百块，买的人说不定要的就是里面的那份情怀；有人甘心卖几十块，买的人要的是性价比。总而言之，价格的设置意味着获客人群的划分，也意味着你将为什么样的男士群体服务。因为对口不一样，自然所要渲染的营销内容也就不一样。但不管从哪一个角度来说，价格不仅仅存在标签的意义，更重要的内容在于，它将以另一种形式扣动你需求的扳机。

5. 红利诱惑

如果别人在价格上竞争惨烈，而你这里却带着轻松的口气对对方说："产品送给你，不要钱，同时要附赠你一份大礼。"这样惊人的诱惑力有谁会愿意错过？于是，你便可以就此打开自己的玩法："帮我介绍100个精准客户，这些产品全部送给你；建立三个500人的精准客户群，我再附赠你一份上万块的礼品。"想想吧，如果对方精准客户的资源足够多，如果他真的对这份产品百分百认可，如果他真的依靠他的本事和能力做到了，这么多的精准客户，精准客户背后还有精准客户，庞大的消费群体就这样轻松地建立了，而这点产品和礼包，在这样的宏伟蓝图之下，成本又算得了什么呢？

讲到这儿，很多想要参与"他经济"的精致 boy 肯定一阵惊呼："哈，原来是这样。"其实就营销环节来说，细节的优化并没有我们想象中的那么困难。只要从心出发，一步步由内向外地细致推演，想要在营销程序上独占鳌头，其实也不是一件多么困难的事。

颜值产业链，利润峰值下的钱脉地图

古希腊伟大的哲学家亚里士多德曾经这样对弟子们说："俊美的相貌是比任何介绍信都管用的推荐书。"这话听起来很夸张，却在这个时代成为不争的事实。很多年轻人也已经接受了"三拼"原则："颜值不行拼人品，人品不行拼情怀。"倘若此时作为"男神"的你颜值居于首位，那么毫无疑问，你先天就比别人多了一份先入为主的把握机会，在"始于颜值，陷于才华，终于人品"的征程上，你目前站在了金字塔层级的上层阶段。

无疑，高颜值会产生强烈的溢价效应，为拥有者带来许多额外的好处。根据英国刊物《经济学人》的研究表明，权力往往属于那些颜值更高、能力更强的领导者。不论是在茹毛饮血的原始社会还是经济发达的现代，一个男人想要达到职业生涯的最高点，相貌、身材、磁性的嗓音与优秀的才华几乎同等重要。

回溯时代发展历程，男性颜值经济大体按照从虚到实的方向层层递进，各个都是巨大的风口。

1. 拍摄美化类APP

生活中你可以鼻梁不够高挺，皮肤不够细腻，但至少拍出来的照片一定要有型，于是具有颜值美化功能的手机APP及其相关产业就这样悄无声息地兴起了。它不但可以满足帅男们对手机拍摄的各项要求，还可以助力实时的颜值优化，甚至还可以让使用者随心所欲地加入一些特效。除此之外，使用者们还可以根据自己的喜好把拍摄内容编辑成图片和视频，自主地完成编辑、调整的后期制作。虽然一切看起来都是小细节，却已经受到了万千"粉丝"的欢迎和追捧，仅2019年不到一年的时间，美颜APP类用户的使用规模就达到了5亿多。相比于创意成本而言，这样庞大的用户量无形中已经成就了一块"巨型蛋糕"了。

2. 美妆个护及服饰

在过去，男人不善于修饰，男人拼命工作被视为一种美德，但是现在，不但工作水准要高，高颜值形体、高品位生活对男人来说也一样重要。只要自己手中的资本允许，如今的男人绝对会毫不吝啬地自我投资，原因并不仅是为了找到一个漂亮的女朋友，更重要的是要在愉悦自我的同时，牢牢地把握住那些让自己先入为主的机会。除此之外，时代也赋予了男人更宽维度的创业可能，一部手机、一台计算机，就足够成就一个超越十几人团队的高端直播帝国。倘若做一个"网红"就可以为自己赚到丰厚利润的话，那么为什么不站在更高人生规划的侧重点上，让自己帅一点、更帅一点呢？

3. 运动健身

除了容貌，身材管理也是男性颜值系统中不可忽略的部分。倘若自己的脸庞无可挑剔，身材上却秀不出肌肉，对于一个渴望成为"男神"的人是绝对无法容忍的。于是健身行业就这样伴随着男人的诉求，不断地扩张和发展。各种高格调健身需求，开始在男性身材管理的觉醒下蓬勃发展，同时催生出了庞大的产业价值。而这对于那些"他颜值"运营系统来说，在运作维度上，无疑是一个无限量、可填充、高经营策略的空间机遇和发展契机。

需求提现，藏在颜值账本里的生意经

根据马斯洛的需求层次心理学理论，当一个人在生理需求和安全需求上得到了相应满足，较高层次的社交需求和渴望受人尊重的需求以及最高层次的自我实现需求将会逐一出现。就"他经济"中的男性消费冲动来说，这一理论可以说是再适合不过了。

随着经济社会的发展，男士的经济实力在持续地飙升。对事业的追求，也促使他们在各个方面不断地追求最大限度的提升。他们迫切希望改变自己的形象，优化自己的妆容，提升自己的男性魅力，不但要保留原有的个性，还要让自己看起来更年轻，精力更充沛，眼睛更有神，更有智慧和活力。于是男性颜值经济就这样悄无声息地发展起来。人们开始意识到，当下男士爱美的需求早已经与女性不相上下；但与之不同的是，他们在进行购物的时候，多了一份沉稳，多了一份精准，多了一份理性，也多了一份品牌选择的稳定性。这一切毫无疑问都有商机存在。若是将其做成一本详尽的生意经，那么先要从男性消费的习惯、消费的原因和其所认同的消费格局进行一个全方位的解读。

1. 当下男性经济实力正伴随着时代脉搏稳步飙升

常言说得好，经济基础决定上层建筑。"他经济"之所以有市场，原因就在于随着收入的增加，男性的生活状态也日趋稳定，在获得心理上的安全感以后，他们最迫切想解决的一件事，就是让自己看起来俊朗一点，状态年轻一点，精神面貌阳光一点。

当别人看到一个干净利落、相貌堂堂的男人站在自己面前，多少也会投来赞赏的目光。面对同样的机会，这个男人胜算必然会比别人多上几分，别看只有几分，说不定这就是改变他前途命运的契机。

2. 当下男士的单身群体越来越壮大

有了可靠的经济实力，按照传统的人生经营思路，肯定就要安家立业了，但如今拿着高收入、居于职场高位的单身"钻石男"比比皆是。他们手头可支配的资金非常充足。在进行自我颜值投资的时候，他们本能地将这种行为认同于一种自我愉悦、自我成就的享受性投资，不但舍得，而且越投入越多。

3. 来自电商和互联网金融的强大助力

由于工作忙，所以很多男士消费者在购物这件事上，不像女生那样出门挑选，而是只要认准了品牌，随便在手机上点几下，购物需求就被快速搞定了。他们的消费能力很强，在消费概念上也有超前的理念。这一切都离不开电子商务和互联网金融的强大助力。他们虽然爱美，但没时间出门闲逛，买的东西最好有人给配送到家。支付方式不花费太长时间，又能达到自己的目的的消费生活状态对于他们来说再完美不过了。

就这样，伴随着男士消费的常态，他们在线上消费中稳居优势地位。当前，快速、便捷、精准、超前的消费理念在男性的信念中根深蒂固，他们更热衷于这种快速成交式的消费。对于广大"男神"而言，这样高质量的购物生活是自己值得拥有的，也是应该予以推崇和追求的。

除此之外，男性的消费理念中还带有明确的目的性。他们只要看准了品牌，就不会随随便便地更换，每次打开手机，便快速果断地奔向目标，买完以后，也不会再为选择各种产品投入更多的时间资本。与此同时，男性消费者在消费的偏好上，又有着广泛性。他们总是被一些新鲜事物吸引，只要这类事物对自己的口味，就会尝试。为了满足自己的猎奇需要，即便是在金钱资本上需要再多一些投入，他们也绝不吝惜。对于产品的质地而言，男性消费者必然追求高品质。只要质地上乘，并且产品已经在他们心目中先入为主，那么只要第一次消费能让他们满意，他们对品牌产品的购买习惯就会日趋稳定下来。对于价格而言，只要自己觉得还算合理，他们就根本不会考虑还价，一是觉得麻烦，有失身份；二是确实没有那么多时间像女性一样货比三家。尽管某商品已经成为他们生活中的一个必需品，但除短暂的选择时间以外，他们更愿意拿出充足的时间做自己想做的事，比如赚钱。

首先，完成生意经的整体评估以后，想要在"他经济"中大展宏图的朋友们，心中便已经有了自己精心整理总结的账本。想要让男性心甘情愿地掏钱，想要让他们最大限度地关注到自己，就要在内容上迎合"去性别化消费趋势"。不但要提升"男士专用"的个性产品信念，还要接触消费者并引导他们转变传统的消费观念，让他们意识到，男性完全可以成为香水和护肤品的直接钟爱者，但凡自己愿意在其中倾注男性特有的消费韵味，只要一切是自己内心真实的渴求，那就没有任何一个"不可以"。

其次，为了有效完善男性的网络购物环境和消费氛围，在内容推广上，就一定要加入"男性消费者"的标签，这样才能更好地迎合男性消费者的消费心理，强化他们消费过程中的存在感。

再次，要想成为男性朋友的消费知己，首先就要在自己所打造和推广产品的品质、内涵上下功夫，不但宣传的内容要到位，产品的质地、性能、品位和需求要求更要一并到位，这样男性消费者才会快速认同你的品牌，认同你。于是渴望稳定的本能信念会促使他们将你视为自己消费中的一个稳定的品牌资源。他们越是在购买的时候心中无二，你就越是能够占据"他经济"的红利峰值。而这一切无疑都是男性消费者购物忠诚度培养下最完美的价值变现诠释。

知彼知己，百战不殆。这个世界没有谁比男人更了解男人，秉持消费者本能的信念与习惯，现在是不是应该在内容筹划上好好下一番功夫呢？

下篇　自我修炼

——修行自信，帅男人都要懂得自我经营

第五章　护肤管理：好皮肤，养出帅男人的"基础底色"

男人护肤五步走，别说你做不到

前段时间在网上看到了一位昔日"男神"的神坛跌落史。前年他还是毫无争议的"男神"，好皮肤，好身材，而如今的他满脸沧桑暗沉，还布满了红血丝，真不知道最近的他到底经历了什么？好在他直接揭露原因："如果想从'男神'的神坛跌落，直接复制一下我的生活就好了。"于是顺着他的指引往下看："洗脸清洁不注意，出门运动不防晒，晚上熬夜不保养，食物滥吃没商量……"然后"俊男"便变成了掉人堆里谁也不会多看一眼的人，往日风光不再，而熟悉的人也只能感慨而关切地问上一句："亲，你到底怎么了？"

男人究竟该如何护肤，又为什么一定要护肤呢？首先，我们要搞清楚男人护肤的重要性，知道了原因，便不会再在这件事上有半点犹豫，毕竟类似上面的心理落差，也不是谁都能接受得了的。

男人为什么要护肤？

首先，从男人的皮肤特质说起。一般来讲，男性的皮肤是偏油性的，其pH为4.5~6.0，由于先天性荷尔蒙元素活动频繁，这种活动便直接刺激到了男性皮肤上的皮脂分泌。再加上平时热爱运动，很多男性出现了油脂和汗水分泌物较多的问题。倘若这个时候旺盛的分泌物没有被清洗干净，就会给皮肤的毛孔呼吸带来很大的阻碍，一旦毛孔堵塞，皮肤上就会冒出诸如暗疮一类的东西。倘若这样的东西得不到及时处理，就很可能因为内在细胞坏死而在皮肤上留下难以祛除的痕迹。

其次，还有一点在于男性早晚要用刮胡刀。每当刀片贴近皮肤的时候，多少会给皮肤造成刺激。倘若剃须过于频繁，很可能会造成脸部皮肤组织不断被刀片剥落、更新，最终加快了皮肤新陈代谢的速度。倘若这样的状态长期延续，便可能导致皮肤松弛，过早出现垮脸现象。

最后，男人多半更青睐户外运动，而这些运动意味着他们很可能会长期将身体暴露在炎炎烈日下。而过度的阳光照射对皮肤是有很大损害的。倘若这时没有采取适当的防晒措施，皮肤就很可能出现晒伤，导致晒斑及皮肤老化等多种问题。

想要皮肤健康，男人究竟应该采取何种方式有效护肤呢？其实也很简单，只需做好下面的五步，基础护肤就可以轻松搞定。

第一步，面部清洁。

基于男性皮肤的特殊性，选择洁面乳的时候，一定要选择控油效果好且具有深度清洁功能的产品。而使用洁面乳的方法，也是很有讲究的。

（1）先用温水将手心打湿，然后将洁面乳挤在手心上，两手持续揉搓，直到泡沫丰富，随即便可将泡沫抹于脸部。

（2）将清洁泡沫在脸颊和额头以画圈的形式轻轻进行揉搓。

（3）在揉搓近一分钟后，使用温水将脸上的泡沫认真清洗干净。这里需要注意的是清洗一定要彻底，不可以有任何泡沫残留。

（4）用干净柔软的毛巾将脸上的水分吸干。

第二步，爽肤补水。

选择一款清爽且补水效果好的爽肤水，既可以有效补水，还可以从另一方面调节皮脂平衡，收缩毛孔，让皮肤看起来更水润，更有光泽。具体的使用步骤是：

（1）将爽肤水倒至手心或专用化妆棉上，以轻轻拍打的方式，将其均匀涂于面部；

（2）持续在皮肤上轻轻拍打，直到水分全部被皮肤吸收。

第三步，补充精华。

选择的精华乳最好和爽肤水是同一个品牌，这样可以有效避免产品与产品之间的成分冲突，有效避免不必要的皮肤过敏及其他皮肤不良反应。具体使用步骤是：

（1）待爽肤水被皮肤完全吸收，再将精华乳挤到手心或指腹；

（2）将手掌或指腹的精华乳轻轻涂抹在脸的各个部位；

（3）用指腹将精华乳均匀按揉，直到被皮肤完全吸收。

第四步，面霜锁水。

眼看皮肤已经喝饱了水，毛孔清爽紧致，就连照镜子都能感觉到与之前截然不同的Q弹状态。这时候很多帅哥觉得护肤已经达到目的了，却不知倘若这个时候不及时采取锁水措施，刚刚补充上来的水分，很有可能会快速蒸发，不但不能达到保湿效果，脸部皮肤很可能还会比以前更为干燥。所以，这时就要快速采取锁水措施，而面霜自然是诸多锁水护肤品中最好用的一个。具体使用步骤如下：

（1）在补充精华步骤完成之后，将适量的面霜挤在手心上，轻轻涂抹于面部；

（2）以按摩的方式将面霜均匀地在脸颊各个部位，轻轻揉大圈；

（3）轻轻地在脸部按压，直到面霜被皮肤吸收。

第五步，涂抹防晒。

使用面霜锁水后，很多帅哥已经开始迫不及待地想要出门了，但是这时要注意的是，大家千万不要忘记护肤的最后一步，也是最为重要的一步，那就是有效防晒。一款防晒指数高且不油腻的防晒霜，一定是万千款式中最适合男性的。它不但可以有效抵御紫外线的侵袭，还可以预防衰老，缓解外部原因导致的皮肤伤害等。其实，不管是四季中的哪一个季节，只要出门，都不能忽视防晒这个重要细节。它是男性皮肤与外界接触时的一道重要防线，如若长期忽视，会对皮肤造成严重甚至是永久性的伤害。那么究竟该如何使用防晒霜呢？

（1）防晒霜最好在出门前20分钟左右，以点涂的方式，均匀地涂抹在皮肤需要涂抹的各个部位，然后用手轻轻地将其拍匀。

（2）当皮肤多汗或是防晒霜已经涂抹超过几个小时，需要及时重新涂抹。

（3）回家以后，用具有深层卸妆效果的卸妆产品，将防晒霜清理干净。

除此之外，这里要特别提醒的是：要想皮肤好，健康起居不能少。好的皮肤不仅需要使用好的护肤产品，更重要的是它需要充足的睡眠和健康的饮食习惯。实验证明，经常睡眠不足者的皮肤健康状况就是要比睡眠充足者的皮肤健康状况差得多。所以，美容觉是身体赋予我们的最好的修复屏障，如若能够每天晚上在胆经即将排毒的 11 点前进入梦乡，毫无疑问，皮肤不但会好，就连整体的精神面貌也将焕然一新！

打败"痘痘肌"，好习惯里的硬道理

生活中，很多男生明明长了一张英俊的脸，却因为布满了痘痘，变得惨不忍睹。而这样的状态对于一个以"男神"标准要求自己的人来说显然是不能接受的。那么痘痘肌到底是怎么来的？究竟应该采取什么样的方法才能有效地消除痘痘影响呢？其实就成因来说，痘痘的产生主要有以下几种可能。

1. 火气太大，不注意吃降火的食物

很多男生生活不规律，晚上熬夜，经常与朋友出去喝酒吃辣，结果导致皮脂内分泌不协调，痘痘便一个又一个地冒出头来。这时候就要在平时注意多吃一些降火类食品，除饮食要清淡以外，还可以多摄取一些富含维生素 B_6 的食物，如鱼类、豆类。这样便可以有效地调节皮脂分泌，有效缓解痘痘给皮肤带来的侵袭。

2. 脸部清洁不当，导致皮肤细菌感染

很多男士在洗脸方面掉以轻心，常常是沾水即可，结果皮肤没有得到彻底的清洁，最终被痤疮丙酸杆菌抓住了机会，导致皮肤感染，而痘痘也就在皮肤上蔓延开来。倘若这个时候，再采取错误的处理措施，不用说，脸上的状态绝对会更加惨不忍睹。那么，究竟该怎么解决这个问题呢？首先我们可以选择具有植物杀菌功能的茶树油来呵护自己的皮肤。在洁面的时候，也可以适当选择相对温和的清洁产品。如果此时你的痘痘炎症已经非常严重了，那么含有过氧化苯甲酰等成分的产品应该是所有产品中最好的选择。

3. 肌肤本身出油多，又不注意科学洗脸

很多男性本身就是油性肤质，虽然早晨认真地洗过脸了，但出去没几个小时，皮肤又回到油乎乎的状态，这也直接导致毛孔堵塞，痘痘便就此蔓延开来。于是为了控油，很多男性朋友会采取继续洗脸的方式。事实上，这样的清洁方法是绝对错误的。过度的清洁会使皮肤遭受刺激，出现过度干燥的不适感。而最标准的洗脸次数，每天两次就已经可以达到要求了。这样的频率对于对痘痘肌来说也是最好的。

除适度清洁之外，战胜痘痘肌还有什么更好的方法呢？现在就将几款经典的面膜罗列出来，希望对广大"男神"有所帮助。

1. 蜂蜜双仁面膜

冬瓜仁含有脂肪油酸、瓜氨酸等成分，对淡化痘印有很好的疗效；桃仁内富含丰富的维生素 E、维生素 B_6，不但可以对抗肌肤的氧化，还能预防和减少紫外线对皮肤造成的伤害；蜂蜜具有众所周知的保湿功能。用这三样东西做出来的面膜，对想要对抗痘痘肌的"男神"来说，无疑是最好的。

做法：将冬瓜仁、桃仁晾晒，待晒干后磨成细粉，随后加入适量的蜂蜜搅拌均匀，混合成为黏稠的膏状。每天晚上临睡觉前将其涂抹在患有痘印的位置，第二天早晨起来清洗干净。如此连续敷上三个星期，对淡化痘印有明显效果。

2. 红酒蜂蜜面膜

红酒中的葡萄酒酸就是"战痘"进程中最为有效的果酸物质。它不但能够促进皮肤角质的新陈代谢，还可以起到淡化色素的作用。用红酒来做面膜不但可以让皮肤变得更白皙，还可以起到光滑清透的补水作用。蜂蜜自不用说，其本身的保湿和滋养功能绝对是众所周知的。但这里需要注意的是，如果您属于酒精过敏人群，那么这个面膜很可能就要谨慎使用了。

做法：取一小杯红酒，加上两三小勺的蜂蜜，将其调制成浓稠状态，均匀地涂抹在脸上，待八分干的时候，用时 10~20 分钟，用温水清洗干净即可。

3.美白补水面膜

牛奶具有很好的美白淡斑、淡化痘印的功效，不但可以有效补水，还有助于皮肤水分平衡，也很适于皮肤的吸收。同时它还有很好的防晒作用，对紫外线导致的皮肤晒伤有很好的修复作用。

方法：用喝剩下的牛奶浸泡过的面膜纸，轻轻地敷在脸上，等待15分钟左右，取下面膜纸，轻轻按揉皮肤，待营养成分全部吸收即可。这里特别需要注意的是，选择牛奶时最好选用脱脂牛奶，这样才能有效避免皮肤出现不必要的脂肪粒。

除此之外，知道痘痘成因和呵护方法的"男神"们，除了要在问题出现的时候及时采取应急预案，平时也要秉持预防痘痘、呵护肌肤的原则，养成良好的生活习惯。

例如，出现痘痘的时候，不要用手去抠，不然容易造成脸部的细菌感染。被子、床单、枕头、洗脸毛巾也要时刻注意保持清洁，这样才能避免受到隐藏其中的真菌的侵害。此外，饮食一定要清淡，快餐、垃圾食品、甜食一定要少吃。因为身体糖分一旦过量，产生的碳水化合物就很容易成为痘痘肌的"温床"。而垃圾食品吃多了，会直接导致脾胃功能下降，这也是便秘之痛的直接导火线。最后，"男神"们一定要注意自己的作息，早睡早起，不要在精神上给予自己太大的压力。这样经过一段时间的系统调整,便可以轻松地与痘痘肌说再见了。

草莓鼻,黑头鼻,还要为此而苦恼吗

常言说得好,"面如一朵花,全靠鼻当家"。挺拔的鼻梁,一度是不少"男神"炫耀的资本。可如果有一天,鼻子表面被一堆黑色的"草莓粒"占领,不用别人说什么,自己照镜子也会觉得别扭。若是采用挤压清除的方法,不但无法彻底解决问题,反而会导致这部分皮肤炎症的产生。但若是对此不闻不问,"男神"颜值的尊严又该如何保证呢?

其实要想解决草莓鼻、黑头鼻等问题,准确地分析它们的成因也是非常关键的一步。那么究竟它们是怎么来的呢?其一,可能遇到了皮脂腺内一个名为毛囊虫的克星;其二,草莓鼻的出现很可能与我们当下的内分泌失调、肠胃功能紊乱有直接的关系。当皮脂腺过度分泌,分泌物就会导致皮肤毛孔粗大,这时毛孔中的油脂就会聚集起来,形成硬化的楔状,由于毛孔里囤积的垃圾越来越多,整个毛囊就被硬化的油脂彻底堵塞了。我们知道,毛孔的作用在于呼吸,其本该是我们皮肤最为开放的窗口，可一旦被这种油脂堵塞，油脂与外界的空气接触发生氧化，鼻子上那油乎乎的东西就会越来越黑，这便是我们鼻子上难看黑头的主要成因。

那么，究竟该怎么解决这个问题呢？坚持做到以下几个步骤，黑鼻头问题才会一步步地得到改善。

1. 护肤流程之前，一定要仔细卸妆

很多帅哥抱怨："我每天都按照步骤护肤，为什么黑鼻头就是挥之不去？"这里想要告诉大家的是，如若坚持护肤还是没有解决黑鼻头的问题，很可能是因为你忘记了护肤的前奏，那就是先用卸妆油把我们脸上的油垢残留清理干净。这时很多朋友会疑惑："我又没化妆，为什么还要卸妆？"这就要从卸妆油的作用和成分说起了。

卸妆油里富含溶脂超微分子元素，能够将完全包裹在毛孔里的皮脂和油垢溶解掉。这样做，不但能更进一步清洁皮肤，让皮肤更干净，还可以有效地清除和预防黑头的产生和泛滥。由此看来，卸妆油简直就是男神"清理"油脂的亲密伙伴。但这里要提醒大家的是，卸妆也是要分层次的，诸如眼部、唇部这样的敏感部分，一定要与面部的卸妆程序分开，这样才能有效地将我们使用过的化妆品残留物更为精准全面地溶解和清理掉。

2. 全方位清洁皮肤，让毛孔自由呼吸

完成卸妆以后，便要将卸去妆容的皮肤彻底清洁干净，因为这时虽然大多数的油脂和化妆品残留去除了,但卸妆油的成分肯定还残存在皮肤和毛囊里,这时候就需要我们对整个面部进行深度清洁。所选用的洁面产品不但要有强大的控油功效,还要在深度清洁这件事上,发挥强大的作用。这时我们可以带着洁面乳在皮肤上,多花些时间揉搓,直到洁面乳的泡沫深入毛孔,被溶解的油脂随着泡沫一点点地顺着水流清理出去,这时你一定能够感觉到皮肤变得更清爽了,每一个毛孔终于可以自由呼吸,而这自然是去除黑鼻头的完美开始。

3. 强效补水保湿,让毛孔恢复原有的紧致

很多有草莓鼻的帅哥始终认为自己是因为皮肤太油才被这个问题光顾的,于是拼命地控油却根本达不到预期的效果。其实问题的主要原因根本就不在皮肤太油,而在于我们有没有及时地给皮肤喝水、锁水。毛孔里的油脂分泌之所以多,主要就是因为我们的皮肤没有喝足水。而水分是维持皮肤水油平衡的重要砝码,所以,要想远离草莓鼻的烦恼,补水保湿的行动就要火速开展起来。每周至少敷上一到两次的补水面膜,不用急于尝试那些标榜快速祛除黑头的面膜,而是在每次洁面以后,更进一步地完成补水保湿工作。即便不能立竿见影,也可以有效地帮助我们收缩毛孔。这样在完成鼻头清理以后,毛孔才不至于如一个个红色的小洞,总觉得还会被什么脏东西填满似的。

除此之外,从生活调理上男士们还需要注意的是,平时一定要减少

紫外线照射，更不要一天到晚对着计算机打游戏，饮食上也要尽可能地清淡，少食辛辣，多选择富含碱性的水果和蔬菜，饮水方面不妨适当为自己补充茶多酚，远离酒精，杜绝熬夜。同时要特别提醒大家的是，若是此时你已经受到草莓鼻的侵扰，切记少泡温泉，也尽量不要选择蒸汽浴和热瑜伽，以免诱发炎症，造成更严重的毛囊内部感染。这一切都是重点中的重点，唯有真正能谨记要领，照顾好自己的人，才能有效摆脱草莓鼻和黑头鼻的阴霾，亮出"男神"气质，帅出极致精彩。

毛孔粗大，俊男怎能没方法

好好的一张脸，却看起来那么粗糙，每一个毛孔都张得老大，好像多少年都没认真喝过水一样，这就是很多男生皮肤的惨痛现状。虽然毛孔粗大的原因很多，但凡是对颜值有要求的人，都不希望在照镜子时，看到自己脸色黯淡、皮肤粗糙。那么当自己脸上毛孔粗大，出现这类问题时又该怎么解决呢。

男士毛孔粗大的原因，主要在于男士的皮脂腺分泌旺盛，出油多。当内分泌失调，男士的雄性激素水平就会跟着升高，这时面部皮肤皮脂腺便在雄性激素的刺激下，分泌出大量的皮脂。皮脂沿着毛囊皮脂腺通路直接到达皮肤的表面。如果这时皮脂腺分泌的油脂太多，皮肤表面过多的油脂就会与空气中的污浊物质一起堵塞毛囊，而经过长时间的堆积，毛囊内的东西越来越多，毛孔自然也会越来越粗大。这也就是为什么经历了一段时间，男士们一照镜子就发现自己的毛孔里莫名地装了一大堆黑乎乎的东西。

那究竟该采取什么样的办法来解决这些问题呢？方法也很简单，只要做到以下几点，坚持下去，就可以看到很明显的效果。

1. 积极控油

如果油脂分泌过于旺盛，毛孔就会出现堵塞的状态，毛孔粗大的问题就会在皮肤上蔓延开来。所以这时候最好的举措便是积极控油，选择具有超强清洁力和控油功能的洗面奶来洗脸。

2. 去角质

最好每个星期选用一次富含果酸、水杨酸、酵素等成分的去角质膏、啫喱来给自己的面部进行一次全方位的角质清理。这样不但可以清除毛孔里堆积的废旧角质，还能让整个皮肤感觉更清爽，呼吸更畅快。

3. 柠檬改善毛孔粗大

柠檬中含有丰富的柠檬酸，它不但能够软化皮肤的角质，还能达到控制油脂分泌、改善毛孔粗大的效果。所以"男神"们在晚上洗脸的时候，可以适量地取几滴新鲜的柠檬汁涂抹在脸上。这样不但能够有效地收缩毛孔，对减少痘痘的产生也有一定的积极作用。

4. 蛋清紧肤

将新鲜的鸡蛋清和柠檬汁以及少量的盐倒入面膜碗中，混合搅拌均匀。用温水清洁面部后，将面膜均匀地敷在脸上，15 分钟后用清水清洗干净即可。蛋清柠檬面膜不但能够紧致肌肤，对毛孔粗大等问题同样效果显著。

5. 绿茶收缩法

绿茶中富含丰富的茶多酚，不但可以消炎杀菌，还对紧致肌肤有一定的积极作用。可以用棉签蘸上晾凉的绿茶水，涂抹在面部毛孔粗大的地方，不但有效紧致皮肤，还可以助力缓解毛孔压力，对粗大的毛孔也有一定的修复作用。

除此之外，男神们还可以每天晚上给自己敷一个保湿面膜，这样可以进一步加强面部清洁，清除毛孔中堵塞的油腻，从而起到改善毛孔粗大、有效紧致肌肤的作用。当然如果你的毛孔粗大是因为存蓄了过多角质形成的，那就不妨选用维 A 酸乳膏这样的产品。

惨遭"肿脸泡"，5分钟改善，立竿见影

不可否认，很多"男神"不只颜值出众，在工作上也是相当努力，结果熬夜加班，工作压力大，身体过于疲劳，自己的颜值状态也根本顾不得了。于是便有昔日"男神"在视频上曝出自己的近照，并自嘲道："咋了兄弟，让人给打了？"想想吧，如果对方的状态就是自己的翻版，颜值岂不是要来一个大大的下滑？扪心自问："忍得了吗？"而最终的答案或许是："嗯，你可以很肿，也可以很油腻，你可以不注重外表，也可以继续舞动压力，你什么都可以，但是我不可以！"

既然不可以，那到底该怎么办？在解答这个问题之前，我们还是首先要弄清楚究竟是什么原因让昔日的"男神"肿成了这副样子呢？看了下面的客观分析，相信你就明白了。

1. 睡眠不足7个小时

很多男生白天工作忙忙碌碌，夜生活五彩斑斓，想要一晚踏踏实实地睡足七八个小时，根本就不可能。长此以往，除了收获深凹的熊猫眼，

还随时可能赔掉一身的好曲线。然后脸就变成了肿肿的样子，说自己是"内含水分的小笼包"应该一点也不为过了。但事实上，只要每天坚持睡好觉、睡饱觉，这些问题是完全可以避免的。

2. 喝水喝得太多

有些男生肿脸，是因为摄入的水分过多，而且晚上大量喝水，最终导致水分排出困难，便呈现出水肿的样子。其实，若想快速有效地解决这个问题，只要适当地少摄入一些水分，特别是晚上9点以后就不要再喝水，这样便可以有效地将水分代谢调节到一个相对正常均衡的状态，水肿状况也会得到缓解。此外，我们还可以煮一些具有排水利尿作用的红豆汤每天饮用，这样身体水肿的现象自然要比之前缓解很多。

3. 摄入的盐分太多

如果盐分摄入过多，很可能也会造成身体及面部的浮肿状态。这是因为过量的盐分很可能会阻碍我们身体多余水分的排出。建议平时在饮食上尽可能选择一些清淡的食物，或是在需要补充盐分的时候，将食物替换成类似香蕉、苹果之类含钾量高的食物。这样既可以保证钾元素的摄入，又可以预防身体水肿的产生。

4. 压力过大

很多男生每天都处在精神持续高度紧张的工作状态，白天醒来就思考问题，晚上甚至还要加班到很晚。这样高速紧张的生理状态，对身体机能和新陈代谢有很严重的破坏作用，而初步的征兆，就出现在脸上。所以不管是为了颜值考虑还是为了身体健康考虑，都不要给自己太大的压力，每天抽出半小时放空自己，让身心得到彻底放松，这才是"男神"保持俊朗容颜的养生之道。

了解了"肿脸泡"的成因，很多男士也许会迫不及待地想知道，究竟要采取什么样的补救措施，才能立竿见影地达到自我修复的效果呢？下面就列举出一些可行的方法，希望对大家有所帮助。

1. 盐水敷眼

在500毫升40摄氏度的热水中加入一小勺食盐，搅拌均匀，再将纱布浸泡其中，让它充分吸收盐水，再将纱布拿出，折叠成适当大小的方块，轻轻地热敷在眼睛上20分钟，可以有效消除眼部的水肿问题。

2. 冷热毛巾交替敷脸

先选用热毛巾敷脸，将面部的毛孔打开，再选用冷毛巾敷脸，促进毛孔的收缩，这样重复三次。热、冷毛巾的敷脸时间要以1∶2的比例分配，整个过程至少持续15分钟。这样毛孔一松一紧，不但有效地激发了皮肤自身的活力，还可以有效去除浮肿，快速搞定难看的"肿脸泡"问题。

3. 穴位按摩

先用指腹按压眼眶的周围，每个位置持续按压5秒钟，然后重复三次。因为气血、经络等交错复杂的关系，在脸上、身上形成许多穴点，那么便可以通过面部以及身体穴位的按压快速地恢复通畅。经常按压这些穴位，不但能有效祛除水肿，还可以起到改善脏腑功能的养生保健作用。

4. 喝黑咖啡

每天吃完早饭以后，男士们不妨利用看报纸的时间，为自己补充一杯热气腾腾的黑咖啡，只要纯度足够，不出半个小时便能在祛除浮肿的问题上收到立竿见影的效果。黑咖啡富含咖啡因，可以有效地帮助身体排出水分，同时可以更快速地消耗体内多余的热量，不但有利于消除水肿，还有一定的塑形瘦身效果。

5. 喝浓茶

如果不适应咖啡的苦感，我们也可以在吃完早餐以后，为自己冲泡一杯浓茶来饮用。这样在 30 分钟到一个小时的时间里，也同样能够立竿见影地达到消除水肿的效果。其原理与咖啡因一样，茶多酚元素对消除脸部和眼部的浮肿，具有非常好的促进作用。

第六章 穿搭管理：量体裁衣，打造魅力男人的"炫酷衣橱"

"男神"衣橱里的常备"百搭衣"

时代对于男士的穿着要求越来越高，但综合起来看，想要穿着有型也不是一件多么困难的事情。首先要把自己的衣橱建设起来。只要用心看上几段众"男神"的亮相视频就会发现，总有那么几个经典款式频繁出现在自己的视线里。它们可以和各种衣服混合搭配，而且不管怎么搭配都合适。它们就是"男神"们最青睐的"百搭衣"。衣橱里要是没有它们的存在，"男神"早上起来选衣服，恐怕都要焦虑了。

那么，挑选"百搭衣"究竟要遵循哪些原则呢？

1. 穿着要舒适

挑选"百搭衣"的核心思想在于，不仅别人看着舒服，自己穿着也一样要舒服。舒适的面料和舒适的穿着感受永远是第一位的，这样才能让男神看起来衣着舒展，不至于因衣服面料不好而引起公众议论："穿得倒好看，但把这东西穿在身上会不会很难受啊！"

2. 颜色要经典

虽然不同时代有不同时代的潮流，但是经典的颜色是永远不会过时的。与其去追求那些昙花一现的潮流，不如选择几件经典的颜色和款式，把它们好好地储存起来。这样即便是平时随意地打扮一下，都能穿出属于自己的范儿。

3. 款式要容易搭配

如今时间成本高昂，即便我们在运作"男神"经济，动辄在衣帽间一蹲好几个小时也是不划算的，所以不妨为自己多选择一些容易搭配，不管搭配上什么都好看、都能快速穿出型男范儿的款式。这样即便自己特别着急出门，也只需在衣着上稍加选择，便可以带着一个"帅"字开启一天的生活了。

那么究竟这样的"百搭衣"都具有什么样的形象气质呢？作为"男神"的你又该怎样有选择地进行采购和分类呢？现在就将最适合大家的"百搭衣"依次进行罗列，希望能够给大家提供一个参考。

1. 白色 T 恤

"男神"搭配学的基本款，怎能少了白色 T 恤。无论是圆领还是小 V 领，都放心备上吧！它是极简主义穿着的代言者，也是个性风格穿搭的基础底色，无论是休闲场合，还是运动场合，这一款都绝对用得着。而这里所要注意的是，既然是贴身衣物，那就一定要在质地上以舒适为本。这样，无论是穿格子衬衫还是牛仔装，无论是穿风衣还是大衣，都可以妥妥地有型了。

2. 白衬衫

无论是穿针织衫，还是休闲夹克、牛仔套装，抑或是庄重感满满的正装，一款休闲感和仪式感俱在的白衬衫一定会是"男神"们的首选。而对于白衬衫的挑选，首先就要看面料和质地。因为要贴身穿着，所以选择的白衬衫首先要舒适。另外，它还要平整笔挺，这样才能彰显出型男的身材和体格。若是只注重舒服，不注重款式，毫无疑问，穿着它步入一些场合是不合时宜的。

3. 针织衫

到了天气渐渐转凉的时候，"男神"的身上就一定要有那么一件能秀出自己感觉的针织衫。针织衫不管是在舒适感上还是在保暖度上，都是"男神"春秋时节不可忽略的时尚搭配。无论是套头衫还是开衫，在搭配针织衫的时候一定要注意穿搭的层次感。你可以尝试露出自己的衬衫领子和下摆，这样不但能够看起来更阳光，还能传达出一种属于自己的内在舒适感。

4. 休闲西服

休闲西服绝对是"男神"衣橱里的必备款。它的裁剪简约、大方，一年四季都可以随意穿搭，就实用性来说，那绝对是没得挑了。天气暖和，可以搭配T恤、衬衫；天气凉了，可以在里面加个针织衫。总之只要你会穿搭，就一定可以用它彰显气质，秀出自己衣着的层次感。

5. 黑色机车夹克

黑色机车夹克一定是帅男人炫酷的首选，也是所有"男神"推崇的男士单品。就穿搭而言，并不需要太过于烦琐，只需要搭配一件白色T恤，就可以很完美地秀出自己的型男特质；再来一条黑色修身牛仔裤以及擦亮的牛皮靴，单看背影，你就已经成为别人眼中穿搭的经典了。

6. 短款大衣

短款大衣是秋冬季节男士的必备款式。在选择的时候，大衣的底摆尽量在靠近臀部的地方，这样款式的大衣可以有效地修饰男性的身材比例，让你的腿看起来更修长，整个形体视觉上也更为高挑俊朗。而在颜色挑选上，不妨更贴近冬季应季性，诸如黑色、灰色、驼色、藏青色都是不错的选择。这些颜色，基本都是百搭色，不管里面配上什么衣服，基本都是没那么容易出错的。除此之外，在穿这类大衣的时候，最好搭配深色裤子，若是觉得天气太冷，还可以在内部选择一些色泽靓丽的针织衫来打造层次感，这样不但看起来更有精神，颜色的搭配也让自己看起来更富时尚感。

穿搭小细节，不容忽视的领带调色盘

女人穿搭有丝巾，有包包，不管出席什么样的场合，穿搭都是千变万化，但对于男士来说，我们穿搭中讲求的艺术究竟要从哪里体现出来呢？笔挺的西装、洁白的衬衫，放眼望去，若是只有这么点单调的色彩无法彰显出自己"男神"的味道，而这时，一条个性十足的领带便成为所有"男神"在正式场合的刚需。尽管西装、白衬衣千篇一律，但只要配上一款别致的领带，立刻就彰显出自己的型男风范。总而言之，别小看领带这个小小的搭配，聚光灯下，它能让人看起来与别人不一样。而此时的"男神"们一旦因为自己的特点吸引了大家的眼球，毫无疑问，妥妥的机遇、妥妥的邂逅便会一个又一个送上门来。

既然领带的作用这么重要，那么对于迫切想成为"男神"的广大男同胞来说，领带应该怎么选，又应该怎样搭配呢？其实每一种款式的领带都承载着很深的文化内涵和寓意，出席的场合不同，自然选择的领带款式和颜色就各有不同。领带搭配不合适会闹出笑话，广大男士自然不愿意让这样的事情发生在自己身上。合乎自己的风格，在任何场合都不失得体风范，这样的领带，才是男士的标配。下面就将领带搭配的几点技巧告诉大家，希望对广大男士们有所帮助。

1. 跟外套的领宽搭配

这是广大男性朋友最容易掌握的技巧，也是"男神"完善衣装搭配最传统的方法之一。简单的操作模式是将领带与西装的领子提前对比一下，较为宽一点的西装领就不能搭配窄长的领带，而细领的西装搭配大宽领带看起来也是十分古怪的。所以一定要选择宽窄适中的领带。具体的测量方法是，领带最宽处的宽度与西装领的宽度保持一致。这样不但在穿着上显得更为协调，还可以起到画龙点睛的效果。

2. 跟自己的身形搭配

领带要切合自己的身形，细窄的领带通常适合身材比较清瘦的男士，这个理论是依照大众的视觉比例而定的。而体形比较胖的男士，就不妨选择一些宽一点的领带，但做这样选择的时候，也要依照西装的剪裁比例来决定。所以，领带的搭配技巧可以说是对男士全方位的要求和考量，但依照常规，我们只需要选择那种约为三寸的领带便算是得体而适中了。

3. 要与场合搭调

毫无疑问，领带的搭配必然是要合乎佩戴的场合的，对于比较庄重的场合，宽一些的领带绝对是优选，因为细领带看上去虽然时尚，却并不适合相对正式的场合。但如果此时你发型时尚、身材笔挺，能够彰显自己的时尚感和造型特质，这时选用一些时尚感独特的领带也不失为不错的选择。这样做不但不会有失庄重，反而能帮助你赢得更多的关注，彰显自己魅力十足的男性风范。

说完了领带搭配的基本要领，接下来就要注意领带的风格款式和搭配色调。虽说男士仅凭一条领带就能让人眼前一亮，彰显出十足的男性魅力，但领带的风格并不单一，不只是所谓的商务风格、休闲风格的古板分类。事实上，领带本身就有万种风情，单凭不同的款式，便可以展现出男人不一样的魅力。举个例子来说，斜纹款式的领带，在内涵文化上象征勇敢，能够彰显男士坚毅果敢的气质；垂直条纹款式的领带，则会从整体上彰显出男性的稳重和成熟。

领带的款式已然风情万种，如果以颜色进行区分，"男神"们就会发现，其整体的搭配远远没有我们想象中的那么简单。基础颜色的领带，相对来说比较容易搭配。但是，为了彰显自己的个性，有的男士会选择一些不常见的色彩，比如蓝色、紫色。相比于一般款式，这些颜色的领带对于"男神"衣着搭配的要求要高很多。而另外一些纯色系的领带不但可以从整体上与"男神"的气质搭配适中，还是最适合男士出镜的最佳款式。类似于深蓝色、灰色都是既常见又百搭的不错选择。

总而言之，男士领带搭配绝对大有讲究，搭配得当就能瞬间提升身价。倘若你对这件事并不在行，那么为自己买上几个百搭的基础款，也不失为明智的选择。这里要提醒大家的是，对于打领带这件事，不求锦上添花，但求搭配无过。这对于"男神"来说，绝对是一项需要不断研修晋级的功课，唯有掌握了高级色彩的搭配，才能最大限度地诠释时尚。这种诠释不仅出于表面，也在于我们内里的格局和气质。

顶配型男休闲装，今天选对了吗

其实现在很多男性朋友们心中都有这样的疑问："究竟什么才算是休闲装呢？究竟什么可以穿，又在什么时候穿呢？"其实男士"休闲装"这个词，是现代服装行业里使用最广泛的词语之一。对于那些没有经验的人来说，它只不过是使人在穿着上看起来更随意的装扮，但对于现代的"男神"而言，休闲装应该是要比其他任何东西都更能代表自己的非正式的优雅着装。与其说它是一种着装上的规范，不如说是"男神"对个人风格态度的一种全新打造。由此，休闲装便成了为"男神"量身定制的着装艺术，一旦掌握要领，便能够使其成为多场合下的焦点。

休闲装究竟应该怎么搭配呢？下面的建议，让你从夏天到冬天，都能炫出自己最帅最酷的样子。

1. 亚麻白衬衫

炎炎夏日，一件浅白色的亚麻衬衫，绝对是"男神"最钟爱的好物。它质地柔软，只需把领子稍微打开，卷起袖口，便能散发出一种活泼轻松、自然纯净的气息。下摆可以半束在腰间，也可以自然地垂下。

我们可以尝试用质地轻薄的直棱裤进行搭配，将裤脚卷起，露出脚踝，配上皮革乐福鞋、草编鞋、凉鞋，整个人都会给人一种清爽感。倘若完全致力于外观完美，你甚至可以买一款棉布短裤，这样便直接省去了卷起裤脚的麻烦。而短裤和亚麻衬衫一样，充满了夏天的气息。这时候不妨体验一把拜伦风，那种美好的装扮，会让你产生去欧洲度假的惬意感。

2. 花卉印花衬衫配斜纹棉布裤

花卉印花衬衫在视觉上给人们带来的更加柔和、更加温润的色彩感。它就像是一朵含苞待放的花，带着自己的诗意步入春秋。但碎花衬衫远远不是那种夏威夷的风格。这些版画设计更像是一种抽象的艺术风格，带着豪迈的沙漠色或脏色，所以远距离看过去，花色很可能会被视为一种斑点模糊的颜色。

对于喜欢这种风格的绅士而言，叶子和蕨类植物自然是心中偏爱的首选，但是这些内容都是含蓄的单色，花色看起来既大胆又充满质感。从造型上来说，可以将纽扣花衬衫短袖，或是将长衬衫的袖子卷起来，再与厚重的斜纹棉布裤进行完美搭配，那种自然气息中透出暖意的季节感，把一缕自在的清风，融入整个搭配的风格里。

3.衬衫夹克配牛仔裤

衬衫夹克是男士一种混合时尚的穿着单品。它将夹克的层次感和坚固性与有领衬衫的设计进行了巧妙的结合，并将这种男士的风格进一步带进这一时尚和功能的全新领域。而这或许就是对春秋时节最完美的选择，设计师可以用各种口味设计"外套"，而"男神"也可以采取各种风格进行穿搭，可谓各取所需。衬衫夹克体现了休闲西装外套的基础结构元素底色，更适合周末搭配一条自己喜欢的锥形牛仔裤，这样穿会更有型。

4.Polo衫配长裤

如果你用心观察就会发现，现在Polo衫又开始横扫男士休闲时尚。它不再保留学院风和流行领的设计，而是在风格上出现了20世纪70年代的复兴款式。其质地轻柔，面料是舒适的纯棉布或清透吸汗的珠绣布。它简约的裁剪设计，完全可以赋予任何服装真正意义上的酷元素。

Polo领与T恤衫相得益彰，也为整个夏天带来了一股时尚而休闲的爽朗气息。尤其是新一代的袖口军装设计风格中，通过改变其细纹和颜色，将类似黄色、绿色、蓝色的内容加入经典的衬衫色系，那种复古的时代风尚，便在新潮派的色系表达间，成了又一轮休闲装体系的完美诠释。

5.皮夹克配牛仔裤

没有什么东西比一件极富有时尚韵味的皮夹克更受广大型男的青睐了，配以合身的T恤和经典的牛仔裤，色系搭调完美，便可以享受一个完美的休闲式周末了。然而对于很多年轻男子来说，买一件皮夹克无疑要精挑细选。想象一下吧，如旋风一般的摩托车风格，带着天然弹性的皮革光泽，再配上一款高品质白色T恤、深色水洗牛仔裤、清爽白球鞋……那种煽情的酷炫感，简直堪比古龙水代言了。

其实就休闲装搭配来说，最重要的是打造属于自己的风格，每一款休闲装都是男士独立风格的诠释工具，而就穿搭的内在语言来说，除掌握基础的搭配方法以外，也千万不要忽视了自己内在文化的打造。

颜色、图案，什么才是经典的"配饰搭"

若是想成就一个"男神"应有的时尚韵味，除婚戒和手表外，佩戴相应的首饰必不可少。首饰不但能够体现出特有的风格，还能为自己的衣装打造亮点，体现与众不同的韵味，使整个的妆容体系精致与品位俱佳，富有时尚气息。首饰因此成为画龙点睛的一笔。它不但可以提升男子气概，还能绽放男性所特有的野性光环，而精致的细节本该是"男神"所追求的，因为他们对自己的一切都在苛求完美。

对于一名男士而言，选择饰品综合起来只有三点。

（1）简约。低调而不失奢华，就是男性在饰品搭配上最成功的选择。

（2）有亮点。饰品起的是画龙点睛的作用，所以绝对不可以被自己的妆容埋没，搭配饰品的本质是为了提高整体的衣着品质，既要烘托亮点，又不能太过浮夸、凌乱，唯有恰到好处才能展现出男子特有的个性风韵。

（3）得体。配饰本身也是选主人的，不同风格的男性，身上所佩戴的配饰自然不同。它需要与自己的衣着体系保持一致，亮眼但绝不唐突，更不可以与衣着风格的色系产生错乱。从某种意义上说，配饰显示了一个男士对自我风格的审美高度，如果这时候在款式色调上出现问题，必然会破坏自己的整体风格，别人看了也会大跌眼镜。

那么在各类款式的配饰上，精致的男士都花费了怎样的心思呢？相信下面的经验，一会给广大男士一个系统的参考。

1. 领带夹

选择领带夹首先要注意的是，它所夹的位置应在衬衫的第三颗和第四颗扣子之间，而且型号一定要比领带偏窄一些。

领带夹在男士的配饰中，占有着相当重要的位置，所以被广大"男神"称为西装中的灵魂。它看起来是为了固定领带，其实质是传统正装的点睛之笔，堪称男性着装的灵魂。

领带夹首先要根据领带的色系进行搭配。它可以是钻石款的，也可以是金色系的，富有个性的男士甚至会选用黑色系作为自己领带的个性搭配。当然倘若你想在风格上进一步创新，就不妨在领带夹上刻上自己名字拼音的第一个大写字母，不但标新立异，还会无形地引来关注，让更多的人想要认识你。

2. 手镯

当男超模们在手臂上缠上一圈圈软绳和皮革，那种属于男人的野性与时尚便自然而然地绽放出来。对于一个普通人而言，整体衣着中只要有一件饰品就足够了，而对于一个对饰品有高品位的"男神"而言，手镯这个配饰，绝对是自己穿衣搭配中不可忽略的细节。

精致的男人，对手镯的搭配往往会依照自己穿衣风格精心选择。保守一点的是银饰，个性一些的是皮革和石头。除此之外，麻绳同样可以彰显出男性与众不同的个性气息，标新立异的钻石风格同样能够表达出男性精致不失典雅的绅士风范。

所以佩戴手镯的首要目的在于提升男性的个性品位。若是想让自己的衣着体系更富有亮点，配饰就要更富有个性。但对于那些不管穿什么衣服都佩戴同样配饰的人来说，若是配饰与穿衣风格并不匹配，那种不协调的感觉就会大煞风景，还不如不戴。

3. 腕表

对于一个男人来说，腕表代表着一种庄重的身份。一块好的腕表不但具有传承的价值，还从另一个角度彰显了男人特有的身份，风格和对时尚、自我价值的诠释。所以如果条件允许的话，男人手里至少要准备三块腕表。一块是精工细作的机械表，复古、内敛又不失身份品位；一块是功能性运动休闲腕表，活泼、自然、自由而不张扬；最后一块是精密的电子腕表，精准、沉稳，但绝对不失时尚感和标新立异的时代气息。对于现代人而言，腕表的装饰功能比显示时间的功能更重要，所以不妨在佩戴腕表的同时，给自己再搭配上一条手链，这样不但更加凸显"男神"的时尚气息，还能为自己的衣着再加一层神秘的亮色。

晨礼、燕尾、塔士多，什么才是最得体的礼服装备

燕尾服这样的礼服对于现代男士来说，虽然不常穿，但其所蕴含的文化和学问还是相当有讲究的。

打个比方说，如果你在国外，被邀请去参加一个正式的Party，对方首先会递上自己的活动请柬，上面常常会附注上诸如Dress Code的字样——被翻译过来就是"着装代码"，一是告诉你，这个Party对着装是有要求的；二是告诉你应该穿什么。如果这时候我们看到Ultra-Formal（翻译过来为"极正式"）的字样，这就意味着这是一场非常正式、级别非常高的活动，通常带有重大的典礼和高规格宴会风格。所以这就要求男士们必须身着大礼服才能前往。所谓大礼服主要分为两种：一种叫晨礼服，是白天穿的大礼服；另一种是燕尾服，是晚间穿的大礼服。如果此时对方在邀请函的衣着要求上直接写White Tie，那就意味着你一定要穿燕尾服了。

当然有些时候，聚会的邀请函上只写了一个 Formal，直接翻译过来就是"正式"，这就意味着级别相比"极正式"低了一点，这时候只需要穿一般的小礼服参加就可以了。小礼服包含日间小礼服（也被叫作董事套装）、晚间小礼服（备受男士青睐的塔士多）。倘若此时收到的邀请函上标注的着装要求是 Black Tie，意思就是告诉你这次活动男士要穿上塔士多了。

最后一个级别的活动被称作 Semi-Formal，直接翻译过来就是"半正式"，也就是说在活动中全天候可以穿常礼服。这时候在衣服穿搭上就显得相对随意了。

那么究竟这些礼服该如何进行搭配，礼仪上又作何要求呢？希望下面的建议，能为广大男士提供一些参考。

1. 晨礼服

晨礼服是男士在白天社交场合必须穿着的最为隆重的礼服，也被视为太阳升起来后，男人必备着装中的第一礼服。它仅在参加隆重典礼或授勋仪式、结婚典礼这些场合上才会用到。

晨礼服的上衣衣型是戗驳领、单排扣、弧线下摆、前短后长、总衣长近膝。出于礼节考虑，大多数男士在颜色上都青睐黑色、灰色，以此来彰显自己的庄重气质。而下身，他们多半会选择灰色的条纹裤，再搭配上礼服所穿的具有多重选择的马甲，比如，灰色、香槟色、香槟色提花纹路等。

除此之外，晨礼服的搭配还有高顶礼帽、手杖、雨伞等，同时可以搭配领巾或领带。而在衬衫搭配上，企领、翼领都是没有问题的。

2. 燕尾服

所谓燕尾服是指男士在下午6点以后出席重要的正式场合所要穿着的隆重礼服，也是晚间的第一礼服。它是所有礼服中最为正式的晚礼服。与晨礼服的使用场合一样，对于现代社交活动来说，燕尾服被很多男士视为公式化的礼服，常见穿着场合为古典音乐会，极其隆重的晚宴、舞会等。

燕尾服上衣前端为折角短下摆，前短后长有尾巴，总体衣长接近膝盖，双排扣，戗驳领镶缎，缎材包扣，整个材质与戗驳领相同。内里穿的是白色马甲，搭配洁白的领结，下身必须穿侧镶双条缎带的长裤。

这里需要注意的是，燕尾服只能搭配翼领礼服衬衫，其标准形制是：翼领+硬衬前胸+带袖扣孔的单叠袖，而且袖口必须戴袖扣，礼服的衬衫要搭配礼服的专用扣，袖扣和礼服扣大多是彼此相配套的。

3. 塔士多

塔士多属于半正式的晚间小礼服，其形制上是镶缎的戗驳领或青果领；侧口袋边也要镶缎，没有袋盖，礼服单排扣或双排扣都是可以的，但扣子必须用缎材包裹覆盖。搭配侧镶嵌单条缎带的长裤，最好使用腰封，如果不用腰封的话，也不要系皮带。而礼服的标配，则是精致的黑色领结。

就衬衫的要求来说，塔士多最受男士青睐的首选搭配是企领衬衫，但袖子则偏重法式的款式。当然也可以搭配翼领礼服衬衫，然后配上带有袖扣孔的单层非法式袖。这样的搭配在穿塔士多礼服的社交活动中运用是非常广泛的，而且在现代商业社会礼节上，正有逐渐代替燕尾服的势头。

当然，塔士多除了最常见的黑色款式，还有其他色泽鲜艳的搭配款式。它们一般是艳色上衣，例如酒红色、紫色、宝蓝色、墨绿色等，面料多采用绒布质地。除此之外，白色塔士多款式的上衣也是比较常见的。白色塔士多一般用于夏季晚上的户外场所。还有一些艺人在正装出席演艺场合的时候，也会将其纳入自己的首选。当然，它们在颁奖典礼、时尚派对上也是随处可见。

说了这么多，想必你对宴会正装的服饰搭配已经有了一个正式的了解。对于一个对时尚有要求的"男神"来说，不管是什么场合的礼服都要力求做到无可挑剔。它彰显的不仅是我们的颜值，还有我们对时尚的理解和品位。所以，不妨提前在这些细节上多下功夫，只要细节到位，绝对会让自己在豪华的场面上增色不少。

第七章　身材管理：穿衣是型男，脱衣炫肌肉，今天你健身了吗

好饮食，多营养，亮出你的"颜值餐"

每当问到"男神"如何保持身材完美的时候，他们总是说："这条路没有捷径，一个字：练。"于是我们在健身房里总是看到有人撸铁，在公园里总是看到有人跑步。总之，这种流汗又酸痛的感觉常常被他们定义为人生境界中的高级感。但事实上，身材管理这件事，除促进新陈代谢、锻炼肌肉组织外，更重要的内容是饮食搭配。甚至可以说，保持身材这件事七分靠吃，三分靠练。倘若我们没有科学地搞定饮食的话，很可能就会出现身体越锻炼越肥硕，肌肉不管怎么锻炼，都达不到满意的效果。

那么就营养搭配这件事，我们该注意哪些问题呢？

1. 及时补充蛋白质

一般来说，在进行体能训练大概90分钟内，我们身体的蛋白质需求将达到最高峰值期，这个时候补充蛋白质的效果是最好的。所以从饮食上，我们可以选择类似瘦肉、鸡蛋、鱼类、牛奶和豆类。这些食物都富含蛋白质，对调整训练后的身体机能有着很好的辅助作用。

2. 提前补充碳水化合物

很多男士朋友都忍不住要问，碳水化合物这种东西，虽然对人体很重要，可是吃得太多不就等于增肥吗？倘若一定要补充碳水化合物，应该采取怎样科学的饮食方式呢？其实就健身的合理饮食方式来说，碳水化合物应该在健身锻炼之前进行充足的摄入，这样才能保证肝糖原的有效储存，为下一步的强度训练提供充沛的能源和维持血糖水平做好准备。同时在运动完成之后，我们同样要及时补充碳水化合物，这样可以有效地促进肌糖原和肝糖原的恢复，从而提升饱满的精神状态，使身体不至于因能量的过度消耗而感觉疲累。我们可以选择谷物、根茎类蔬菜和水果等食物。它们不但富含丰富的碳水，还对补充我们的能量、平衡身体的糖原有一定的辅助作用。

3. 及时补充水分和无机盐

很多男士在健身房挥汗如雨，但整个过程中却忘记了喝水，结果健身完不但没有精神，反而整个人都快虚脱了。这到底是怎么回事儿呢？

一般来说，我们身体中肌肉所需要的水分要比脂肪高出3倍多，而男性身体中肌肉占比高达40%，女人身体中肌肉含量只有20%左右，这也意味着男性身体本身的水分需求量就比女性高。而水分除满足肌肉所需以外，还有润滑关节、调节体温和溶解运送人体营养物质的作用。倘若经过大量的运动后不及时补水，代谢量提升，水分又没跟上，身体不失衡那才奇怪呢。所以，对于男性而言，及时补充水分，才能在达到健身目的的同时，更好地平衡自己的身体。

究竟应该补充多少水分呢？就男人的身体需求来说，每天至少应该补充2升左右的水分。如果每天都有高强度的健身计划，那就需要在此基础上补充更多的水分。

4.训练中，要及时补充铬

很多男士在运动过程中总会感到力不从心，甚至很疲累，这时候就需要及时补充一种叫作铬的元素。

铬是维持人体生命平衡的重要矿物质之一，它不但可以降低人体内的胆固醇，还可以有效增强耐力，促进肌肉增长，对氧化体内脂肪也有很好的推动作用。优质的葡萄和葡萄干里就有丰富的铬元素，因此被誉为天然"铬库"。所以，每天摄入一些葡萄，有益于男士补充足够的铬。如果在健身运动中感到疲惫，不妨吃一些葡萄干，提升精力，补充铬元素。

5. 身上有瘀血，及时补充维生素 K

在锻炼的过程中难免会有磕磕碰碰的情况，稍不留神，身上就会出现瘀青或瘀血。只要出现这种情况，十天半个月也下不去，这不但影响美观，还时不时隐隐作痛。那究竟有什么办法能够快速有效地解决这个问题呢？方法很简单，那就是及时补充维生素 K。

维生素 K 素有"止血功臣"的美誉，人体少了它，就会导致血液凝固缓慢，甚至导致血液不能凝固，不利于伤口愈合。

所以，男性朋友们平时可以多为自己补充一些花椰菜或芦笋类的食材，每个星期吃上 2~4 次，就可以很好地解决这个问题。花椰菜、芦笋、莴苣富含维生素 K，能够很好地强化血管壁的柔韧性，同时抑制身体青肿瘀血的发生。

6. 预防抽筋，注意补充钙和镁

很多男士在运动过程中突然出现抽筋现象，于是便觉得自己可能是在运动中超负荷了，其实问题不一定出在这里，也可能是身体缺钙和镁了。

钙和镁是营养元素中的好伴侣。它们协同在人体中发挥作用，参与神经肌肉的传导，从而抑制肌肉抽筋的现象。从营养学角度来说，成年男子每日所需摄取的钙量在 1000~1800 毫克。想要摄入丰富的钙质，牛奶就是一个相当不错的选择。绿叶蔬菜可以很好地补充人体对于镁的需求，除此之外，坚果、海鲜中也有非常丰富的镁元素。对于"男神"来说，常常吃一些虾类、蛤类，对肌肉的保养都大有益处。

既要有氧健康又刷脂，合理运动更重要

练就完美的肌肉和体形也是需要策略的。对于一个渴望拥有完美身材的"男神"来说，能否有效率地运动，直接决定其是否能快速实现型男梦。所以，健身这件事从来不是盲目撸铁，更不是肆意流汗，要想让自己付出的一切有效果，除不断努力外，多少还得在饮食、有氧、能量训练方面玩转自己的综合实力。那么对于塑造形体这件事，广大的男士们应该采取怎样的运动策略呢？

就像配菜讲究荤素搭配一样，运动也要讲求动静结合。有些男士在健身房挥汗如雨，但锻炼了很久，体形不但没有朝着理想的方向发展，肌肉量反而越来越少了。这是为什么呢？原来他们每次一进健身房，热身运动没做几下就直接上了跑步机，跑步两个小时，觉得汗流得差不多了，便直接冲澡回家，以为这样就达到了健身目的。其实这样健身肯定是不对的，有氧运动虽然能够让人感到心情欢畅，却对肌肉的锻炼起不

到任何作用，而对于我们身体代谢和内分泌调节而言，肌肉的作用永远是最重要的，唯有练就强健的肌肉，才能最大限度地提升身体的代谢功能，将体内多余的脂肪和废物更为快速地排出体外，让形体变得挺拔强健。

那么怎样运动才算是科学有氧运动？我们又该如何对自己的有氧运动训练进行规划呢？方法也很简单，只要按照下面的计划方案来操作，过不了多久，渴望蜕变为型男的你就能看到效果。

就有氧运动来说，随便练几下肯定是没有效果的，采取这种方式锻炼的目的，主要在于提升身体的心肺功能，让身体更好地进入运动状态，这样才能在运动过程中，更好地消耗能量。但这一切都是建立在正确掌握运动火候的前提下，运动强度过小就达不到运动的效果，但运动强度过大，很可能就会导致身体缺氧。所以就标准来说，有氧运动的心率不能小于110次，运动时长最好控制在半小时以上一小时以内。唯有达到这样的状态，才能从真正意义上达到有氧运动的目的，不但能够有效减脂，还能提升我们的心肺功能，对我们的身体健康是大有助力的。

这时候有些男士朋友可能要问，有氧运动既然有减脂的作用，多做一些又有何不可呢？这里需要特别提醒大家的是，如果有氧运动做得时间太长，不但实现不了塑形的目的，还有可能对身体健康带来非常不利的影响。实验证明，如果进行两小时中强度的有氧运动，人体就会消耗大量的蛋白质和白氨酸。白氨酸是防止肌肉分解的重要氨基酸元素。所以试想一下，倘若这样不健康的运动被大家一年一年地坚持下去，其给身体带来的伤害该有多严重啊！

那么究竟采取什么样的有氧运动，又以怎样的方式和策略来开展运动，才能最大限度地提升男士魅力，更有效率地达到健身的预期效果呢？下面就为大家优选几种有效的有氧运动，希望能为大家提供参考。

1. 慢跑

慢跑是一项既考验耐力又能提升身体自由感的快乐有氧运动。它做起来也非常方便，穿上跑鞋就可以随时开始。这项运动适合经常锻炼的人。如果每次能够坚持一小时，一周达到 4 次，不但能够提升我们的心肺功能，还能使大脑供氧充足，提升睡眠质量，对缓解男性的亚健康，有很积极的作用。

2. 游泳

游泳是一种舒适而自由的有氧运动。它不但能运动全身，还能增进身体的协调和平衡，所以，如果男性朋友每周坚持游泳 4 次，每次 60 分钟以上，可以有效防止关节肌肉损伤，缓解膝盖压力，同时可以起到很好的刷脂效果。这时如果能合理控制饮食，及时调整作息，不但身体会更灵活，脏器在运动的调理下也能恢复青春的活力。

3. 骑行

很多"男神"在有氧运动这件事上都会遵从自己的喜好,除上跑步机、下游泳池以外,他们还会蹬着自己心爱的山地车,一路骑行去任何自己想去的地方。从某种角度来说,骑行锻炼的效果是不亚于慢跑和游泳的。为了达到健身目的,男性朋友们必须掌握好自己的运动强度。一开始我们可以每分钟蹬车60次,等到有了一定的骑行基础后,便可以把次数提升到75~100次。这样的训练每次时间不能低于30分钟,每周不少于4次。

骑行运动是一项非常好的有氧运动,它不但能提升精神系统的敏感度,还能有效预防大脑老化,提高身体的耐受能力,特别适合体重超标或膝关节受损的人群。

总之,有氧运动虽然能给我们带来活力,但也一定要适时适量,唯有用科学的方法运动,才能在获取健康的同时,增强身体机能的活力,最终释放出"男神"所特有的魅力。所以,从现在开始,用正确的有氧运动来经营身体,相信过不了多久,你的身体状态就会越来越健康,越来越完美。

侧重力量练习，唤醒你的肌肉活力

很多朋友认为，男性之美在于他身上健硕的肌肉。肌肉坚实挺拔，身材就会显得伟岸，富有线条感，这一切都是凸显男人气质的关键。对于大多数"男神"来说，这一点绝对是生命中尤为重要的部分。男人作为顶梁柱，理所当然就应该具备这样的气质。

那么，这样标致的身材从何而来？应该采取怎样的健身策略呢？其实，锻炼和健身并不意味着复杂的流程，但有时男性朋友却对如何正确的锻炼心存疑惑：健身房里这么多器材，运动项目又那么多，怎样才能算精准性锻炼，又应该先从哪方面下手呢？

面对众多的健身项目，我们需要针对不同的目标采取不同的计划。究竟是想要锻炼肌肉，还是想快速减少脂肪？究竟是提升有氧运动负荷，还是加大自己的力量型训练？这些内容一定要提前进行规划，提前划定重点。在这一节中，让我们来认真学习一下怎样有效率地通过力量训练，来提升我们肌肉的紧致度吧！下面就把一些最简单易行的能量运动方法介绍一下，希望能为广大男士提供一个详尽的参考。

1. 深蹲

深蹲是一种非常简单的运动。双脚分开，与肩同宽或更宽；双手伸直，放在身前来保持身体平衡，这时双手也可以与胸部保持平行或直接放在脑后；然后尝试弯曲自己的膝盖，蹲下臀部，就好像坐在想象中的椅子上一样；之后挺胸抬头，不要让脊柱弯曲；随后再降低你的臀部，让你的膝盖在你的脚踝上方，并将身体的重量集中在脚后跟上，以免膝盖因受压而受伤。这时注意保持身体的紧绷，用脚后跟发力，专注于调动自己的臀大肌，然后使自己回到起始位置，可以有效缓解背部的压力。做深蹲的动作可以先从 3 组开始，每组 8~15 个，然后再随着时间的推移逐渐增加。

2. 卧推

卧推是一个能很好地燃烧脂肪、锻炼上半身肌肉的能量训练动作。我们可以使用重量合适的杠铃、哑铃或专门的卧推架来更好地完成动作。首先平躺在支撑杠铃的架子下方的健身凳上，眼睛与杠铃架的立柱前部对齐。这时候你的臀部、肩膀和头部，一定要平放在健身凳上，脊柱保持中立状态。然后将脚平放在地板上，并尽可能分开一点。肩胛骨需始终保持后缩、稳定的状态。

准备工作就绪，便可用手握住杠铃，两臂分开与肩膀同宽，上臂与整个身体呈45度角左右；随后将肘部锁定，再从架子上取下杠铃；保持深呼吸，将杠铃降低到自己的胸部；然后伸展双臂，将杠铃推到胸部上方之后深深吸气；接着将注意力集中在天花板上，再将杠铃降低到胸部的正上方。这样一套动作下来就是一个标准的卧推。卧推锻炼可以从两组开始，每组8~15次，感觉良好可以把组数和重量再继续往上增加。

完成重复次数以后，将杠铃放回架子上，让肘部处于锁定位置，之后再慢慢向后移动，直到感觉架子直立为止，随后便可以降低杠铃，让杠铃和身体都休息一段时间。

3. 弯腰划船

弯腰划船是针对背部的最好的减脂增肌运动姿势。首先将双腿分开，保持与肩同宽的站立姿势，膝盖微微弯曲。双手各握住一个哑铃，再保持与肩同宽，掌心相对，再以45度角弯腰，并保持深呼吸；将哑铃拉向胸部两侧和胸腔的底部，然后继续深深地呼气，随后将它们举到自己运动范围最高的耐受点，过程中尽可能地避免手腕的移动，并在吸气以后，又以节制的方式将其重量下降到运动的起始位置。需要注意的是，在运动过程中，一定要保持弯腰，直到所有的动作都趋于完整。每次运动的时候，尽量做到3组，每组8~15次，只要坚持下来，你就一定能看到理想的效果。

4. 负重俯卧撑

很多男士对俯卧撑很熟悉，但说到负重俯卧撑，心里就少了一个确切的概念，其实两者之间唯一的区别，就在于负重俯卧撑一般都是把重量放到背部。它是一种很棒的能量锻炼姿势，可以有效地锻炼我们胸部、肩膀和三头肌，让我们的体魄更加健硕。

在锻炼时，我们可以先从一个小的重量开始，慢慢增加重量。

从姿势上来说，先呈俯卧撑姿势，将负重放在自己的后背上，之后便可以小心地连续发力做一组俯卧撑。做完以后，将姿势回归到膝盖式俯卧撑位置，并卸下背部的负重。这样每天坚持做两组，每组可以先从5~6个开始，每组之间休息一分钟。随着体能强化和肌肉的强健，也可以逐渐增加次数和组数，以此来达到最满意的效果。

除进行力量锻炼以外，我们还可以搭配一些有氧运动，例如游泳、跑步、拳击、骑自行车等，每周坚持至少3次，每次都在30~40分钟。这样不但能更好地强健肌肉，还可以保证我们的心血管健康，此外还有非常好的刷脂效果。当然，燃烧脂肪不容易，想要拥有坚实的肌肉就更难了，这意味着我们将要为此投入更多的精力、成本和勇气，也必须秉持自律原则，更好地把握自己的日常生活和饮食起居。总之，有目标就有了愿景，有期待就有了行动的勇气。想要拥有健硕的体魄、坚实的肌肉，那么现在不要再有什么迟疑，义无反顾地开始锻炼吧！

不喝酒，少饮料，优化习惯五步走

很多男士羡慕电视中"男神"的完美身材，可当自己站在镜子前面，那大腹便便的样子着实打击自信心，于是扪心自问："同样是男人，自己与人家到底差在哪里？"细致了解以后才发现，人家的生活习惯、自律态度还真不是自己马上就能坚持得下来的。

别看视频中很多男明星动不动就秀出自己在高档餐厅就餐的照片，其实他们骨子里都是习惯优化的自律狂。他们只是未将这样的自己显露在荧幕上罢了，但凡了解他们的人都知道：他们每天的工作餐到底吃的是什么，每天不论多忙都会坚持一定时间的体能训练，他们从一开始就已经与饮料、烟酒绝缘。为了展现出自己颜值的高级感，他们在日常生活中可谓自律到了极点。

那么，同样渴望具备"男神"状态的你，又该从哪些方面优化自己的行为习惯呢？其实就这一点来说，倘若真的下定决心，一切都只是细节的优化和调整而已。如果你真的相信自己能坚持到底，那么这里就有一份详细的习惯优化清单奉送给你。

1. 养成经常喝水的好习惯

很多男人工作的时候忙了一天，却滴水未进，问及原因，答案是："我就是不喜欢喝水。""喝水喝多了频繁地上厕所怎么办，那不是件很尴尬的事情吗？"其实这种不及时补充水分的生活习惯是很不科学的。要知道，我们人体的健康运转是根本离不开水的，肌肤的健康代谢也是根本少不了水分的。长期水分缺失，会导致身体里的毒素堆积、免疫力下降，甚至还可能导致容貌的早衰。但喝水这件事也是有讲究的，不能毫无顾忌地狂饮，也不能无休止地用饮料替代白开水。喝水这件事，需要适量和慢饮。饮料、咖啡、酒精与水是完全不同的概念，用它们代替水，不但不利于补充水分，反而会造成体内水分的流失。而且一旦这种不健康的生活方式形成习惯，很可能就会造成皮肤的老化和体重的增加，以致看起来你确实喝了很多"水"，可体重总是在称重的那一刻让你备受打击。

2. 健身锻炼必不可少

很多男性朋友总是说自己工作太忙，所以在健身这件事上总是很懈怠，结果体重不断飙升，每天总觉得精力不足，只要一遇到高强度工作，就总觉得快要扛不过去了。事实上，运动不但可以有效增强我们身体的活力，还可以起到稳定精力、抵抗衰老的作用。现在很多企业老总不管多忙，每天都要抽出至少一个小时用来锻炼。他们之所以刻意地养成这样健身的习惯，主要原因就在于它能给予我们健康的身体——这是最为直接的好处。

所以，如果你想保持型男的身材，如果你想拥有长久年轻的活力，如果你想容颜不老，如果你想始终精力充沛，那么就穿上跑鞋去运动吧！它不但会让你身心充满能量，还能持续不断地提升你的"男神"魅力。

3. 保持充足的睡眠

实验证明，每天拥有充足睡眠的人，在面容上就是要比长期睡眠不足的人看起来更年轻、更有活力。从理论上来说，每天保持八小时的睡眠是最为科学的，唯有睡够了觉，身体的修复功能才能维持正常的运转。但倘若你经常熬夜，夜生活很丰富，第二天又强迫自己拖着疲惫的身体去上班，那毫无疑问，不但你的精力会受影响，整个身体系统的工作效率也会大幅降低。这就是熬夜的人每天早上起来总觉得有气无力、食欲缺乏，老是感到身体哪里不对劲的原因。所以，为了能够让自己的身体机能协调正常，为了修复我们的内分泌系统和免疫系统，为了让我们身体的各个器官更健康，从现在开始，改良你的生物钟，让自己的睡眠状况正常起来吧！

4. 吃饭速度不要太快

很多工作繁忙的男士在吃饭速度上总是很不注意，为了赶时间，他们几分钟就能吃完一顿饭，甚至还没有尝出滋味，饭菜就已经全部进肚了。狼吞虎咽往往导致消化不良，胃部胀痛也就随之而来了。有些男士由于应酬较多，往往饮食没有节制，于是，胃部为了消化过多的食物，不得不调动更多的气血来工作，结果气血都集中在这里，其他地方的供血就出现短缺，整个人就开始昏昏沉沉，一副无精打采的样子。

所以，若是想减肥，若是想在吃饭后仍能保持旺盛的精力，首先要做的，就是养成良好的饮食习惯，细嚼慢咽、不暴饮暴食，享受美味的同时，减轻肠胃的负担，有助于消化和吸收，让身体在平和的饮食状态下，能量更稳定，功能更健康。

5. 少饮酒和少喝饮料

对于男士来说无论是商务应酬还是朋友小聚，酒永远是不可或缺的。当酒精渗入血液，一种虚假的愉悦感就会随着酒精浓度的增加而飙升。于是，很多男士就沦为了嗜酒如命的人，一天尝不到酒的味道就会浑身难受。这样也就罢了，但他们平日里喝水的习惯也很不健康，明明该喝开水的时候，偏要用冰镇饮料代替，结果随着饮料里的糖分叠加，体内便开始囤积冰凉的湿气，并与日俱增，整个人也昏昏沉沉没有精神。长此以往，身体不出问题才怪。

所以要想保持良好的身材，要想拥有一副健康的体魄，男士们就一定要把戒酒这件事搬上日程，平时少喝饮料，更不要终日与冷饮为伴，多喝热茶和白水,唯有如此,才能在达到补充水分的同时,更好地优化体质,在拥有健康的同时,拥有更好的气色。

户外运动,健身族"男神"的阳刚魅力

"外面如此风和日丽,不如我们到户外走走吧!"每当心中有了这样的想法,"男神"总是会推开自己的窗子,一边呼吸着清新的空气,一边在思绪中规划起自己的户外运动来。

和在健身房运动的感觉不一样,户外运动不但能增强我们的健身意志,还能让我们在欣赏大自然景致的同时,身心愉悦。阳光明媚,鸟儿欢快地歌唱,绿树在风中摇曳生姿,自己则在心中哼个小调,穿上跑鞋,随着自己的节拍,一边运动前行,一边享受着眼前的美景。无论是在不被打扰的清晨,还是在阳光明媚的午后,那就是一场专属于自己的户外远行,都会从某种程度上,在心境中增添一份惬意,使身心全然沉浸在一份充满活力的动感里。

那么什么才是最适合男士的户外运动呢?在户外运动的过程中,又应该注意哪些事情呢?下面就为大家系统地进行介绍,希望能供广大男

士们借鉴和参考。

虽然适合男性户外运动的项目有很多，但最安全且最富有健康意义的项目，大致有以下几种。

1. 徒步运动

徒步运动除了可以有效地锻炼身体，更重要的是它也是一次释放压力、亲近大自然的好机会。天气晴朗，风和日丽，抛开工作的烦恼，独自一人到林间走走，这是生命中没有任何人打扰的片段，可以思考，也可以放空大脑。

徒步运动可以锻炼身体、缓解压力、接近自然、促进消化等。男士徒步运动，可以锻炼自己的脚力和耐力，使身体协调，充满活力，让自己拥有阳刚之美。同时，长时间走路可以消耗大量热量，促使体内脂肪分解，从而达到减肥的目的，保持优美体形。

2. 户外骑行

对于一个"男神"而言，没有什么比穿着帅气的骑行服，来一场轻松惬意的骑行之旅更令人愉快的了。它不但能够让我们呼吸到更清新的空气，让我们在运动过程中领略到大自然的美丽风景，还可以锻炼身体肌肉的张力，让身体自由舒展。

就户外骑行的正常行驶速度来说，每走 100 米，腿的转圈次数大概为 50 次。如果骑行的路途比较长，那转动的圈数就会更多，腿部肌肉得到的锻炼就越多。这样不但能够更好地强化有氧训练，还可以让腿部肌肉变得更强健、更有型。

3.滑雪

对于广大"男神"来说，滑雪是一项既刺激又可以运动到全身的有氧运动。它不但能够有效调节我们的神经系统，还能在享受速度的同时，更好地提升我们身体的平衡能力、自我调节能力以及肌肉的柔韧性。滑雪的过程可以说是运动到了我们人体的所有关节。它不但能够激活身体各个部分的活力，缓解肌肉的僵硬状态，还对我们的情绪健康有很好的调节作用。

除此之外，对于渴望减肥的人士来说，滑雪也是一项不可多得的刷脂运动。测试表明，一个速度正常的滑雪爱好者，其在一小时之内消耗的热量就有734卡路里。这样的燃脂程度，相当于在一小时内跑了9.5千米的消耗负荷，单从数字上看，就已经相当可观了。

既然户外运动这么有吸引力，那么在整个过程中，广大的男士朋友还需要注意些什么呢？总体来说，以下几点不容忽视。

1.一定要做好防暑、防晒措施

很多帅哥为了在户外运动中彰显自己俊朗的身姿，出门根本就不采取任何防暑、防晒措施。结果外出运动几小时回来，肌肤脱皮，紫外线照射得眼睛红肿，整个脑袋也被骄阳烤得蒙蒙的。若是如此运动，去不了几次恐怕就要放弃了。

所以，户外运动虽对我们有超强的吸引力，但防晒措施也要做到位。墨镜、防晒霜之类的防护用品自然一个都不能少。若是真的感觉身体中暑了，快速地补充一些藿香正气水，也确实能够起到很积极的作用。若是有条件的话，最好配备一个心率监测手环。一边运动，一边随时进行心率监测，不但能够准确把握运动的节拍，还可以在调节心率和呼吸的同时，更好地优化运动。

2. 运动前合理摄入食物

很多男士在进行户外运动时，总是过高预估自己的运动支撑力，结果半路上就突然觉得能量透支，其主要原因多半在于其在运动之前处于空腹的状态。大消耗量的运动一上来，他们便很容易体力不支，甚至出现头晕、恶心、浑身冒虚汗等症状。

想要解决这个问题，就需要我们在运动前一个小时，适量摄入一些以碳水为主的主食和新鲜水果。一来可以补充能量，二来可以提升身体的糖分。这样在进行户外运动时，才会精力充沛，即便消耗了一些能量，也不会出现体力不支的情况。

3. 选择透气吸汗的运动服装

户外运动虽然能够尽情地挥洒汗水，但汗水却时常搞得"男神"们力不从心。身体一旦出汗便有可能让不透气的衣服贴在皮肤上。那种汗毛孔都喘不上气的滋味，别提有多难受了。倘若正值夏季，那种闷热的桑拿感，瞬间就会让身体难以承受。若是带着这种感觉坚持下去，户外运动就不再是享受，而是上刑般的受罪了。

所以，在进行户外运动时，最好为自己选择一身透气吸汗的速干运动装，这样即便是出的汗再多，吸附了汗液的运动服也不会妨碍皮肤的自由呼吸。它会在风的吹拂下自然地对温度和湿度进行调整，人们做起运动来，自然是伸展自如、潇洒惬意了。

第八章　爱心塑造：有责任，有担当，塑造帅男人的品位涵养

责任心，男士风度的最佳体现

很多女生说："男人越是帅，就越是危险。总觉得不知道什么时就会出问题，到时候不但情感受损，保不齐还会发生点别的事情。"但对于一个有责任心的"男神"而言，体贴的责任心和对身边所有人的爱心，都是他们完美自我价值观和高尚人格魅力的体现。

男人的使命与担当，不仅体现在对女人的关爱，还在于认真地关心身边的每一个人，对参加的每一次交际都报以恳切的互动和温馨的友谊。在他们的理念中，让自己舒服最好的方式，就是让与自己有交集的所有

人都舒服。他们虽然有着俊朗的外表，却从来不因此而觉得自己特殊。他们的谦卑恭敬总能够给人一种踏实、诚恳，值得信赖的感觉。在工作中，职场"男神"活力四射，对下属信守承诺，勇敢地面对工作中的挑战。他们从来不推卸责任，也不会随意拒绝任务。他们永远是学习力、思考力极强的员工，不论是从他们的上级处还是下级处都能获得一份点赞和信任。

对于一个有责任心的"男神"来说，尽管生活和工作中随时可能出现问题，但绝对不可以逃避。它可能是一次挑战，也可能是一个晋升的机会。既然人生的每一天都在解决问题，那么问题与问题之间就没有所谓的区别。倘若这时真的被一个障碍困住，若是不担负起全部责任，拿出百分百的勇气去面对，障碍将依旧存在，并且会在时间的推移下堆积如山，成为更严重的隐患，直到自己再也承担不了。可它不会给予你一丝的怜悯。

因为从一开始"男神"就明白这个道理，所以在面对困难的时候，总是率先站起来承担起一切。他们知道，唯有承担起自己的责任，自己独立面对问题的处理权限才能得到有效保证；一旦将责任全部推给别人，那就等同于认同别人对自我权限的介入，这样不但不利于事情的解决，反而会让自己在面对诸多难题的时候无所作为。

那么究竟怎样做才算是强化了自己的爱和自信心呢？

1. 不论对谁，都抱以诚信的态度

诚信是"男神"生命中的金字招牌，要么就不承诺，承诺了就一定努力办到。在他们看来，事情不管是大是小，都应该以严谨的态度去真诚面对，这样才算是对别人负责，才算是对自己最好的交代。当他们带着诚信原则，认真落实好生命中的每一件事时，生命的运势就因此发生了巨大的改变，客户会更愿意跟他们做生意，朋友会更愿意与他们接近，亲属会将他们视为生命中最值得依靠信赖的人。由此，他成了幸福的源头，也成了幸福本身，在这种双重获利中，他的脸上永远洋溢着诚恳自信的微笑，因为没有亏欠，所以才拥有了一份帅气的坦荡。

2. 对自己负责，秉持使命的担当

很多男士在面对危机时，要么选择向后一步，要么干脆躲到别人的身后，于是这份选择因为有了别人的参与，而让自己丧失了控制一切的主动权，这对于事情的解决是相当不利的。一个有责任心的帅男人，面对眼前要处理的事情，永远是将自己所要承担的使命和责任提前看清楚。他知道自己要做什么，也知道自己该怎样做，更知道自己要在这些事情中承担怎样的责任。当一切挑战了然分明地呈现在自己的眼前时，他不会有困惑。他知道自己要承担的责任，别人也不会有控制他的任何说辞和理由。因为这一份担当，做事情时，他都会思路清晰，认真细致。在他的行事原则中，从来不会将自己的责任转嫁给别人，更不会让别人动

摇他的决断。于是，他对结果有着一份率性的平静，对开始有着一份警觉的思考。他在整个过程中都秉持着细致和担当，因此不论做什么，问题都不是他困惑和痛苦的源头。再大的挑战，他都能坦然面对，既然责任由自己把握，还有什么好畏惧的呢？

3. 承诺落地

有责任，有使命，对于自己说过的话，绝不轻易食言。曾经有一个销售部的员工这样钦佩地回忆他的老板："他是一个活力四射的人，也是一个对自己所说的话绝对践行的人。即便是喝醉了许下的承诺，第二天醒来，只要你能拿出证据，他绝对不会食言。跟这种人在一起，让你感觉特靠谱、特安全。每次看到其貌不扬的他干干净净地出现在办公室，就会忍不住地感慨，这样的男人实在太帅了。"

所以，每个帅男人身上，都应该有个承诺账本，将自己做过的承诺记录下来，然后一字一句地认真落实，让生命的每一天，都在兑现承诺的同时，收获丰厚无比的红利。这才是一个俊朗男子对待人生的真实态度。

人的一生要敢作敢为，坦荡承担责任，信守承诺，这才是"男神"们最值得别人钦佩和信赖的品格。当这种作为成为生命中最基本的习惯时，身边的每一个人都会信服他，同时会对他由衷的钦佩，给予他真诚的赞美。

优化管理，打造步步为营的责任心

"这家伙长得挺帅，内容制作上也足够吸引眼球，就是推销的东西太差劲，管理服务让人大跌眼镜，好像只要你把东西买了，一切就跟他没关系了。这样的男人干不了大事，也赚不了大钱，首先责任心上就足够说明问题。我现在已经把他拉黑了，想起当年对他的信任，想起那些不开心的消费经历，我决定与这样的人划清界线，即便他化妆化得再帅，我也不会再关注他。"一个网友在网络留言板里这样吐槽。

现在很多帅男人都在运营着自己的个人 IP 业务，获得收益后，为了扩大利润范围，就会下意识地开始发展团队，储备流量，运作自己的生态流量网络，以此来获得营销客户裂变，最大范围地获取收益。这本来是一件非常好的事情，可一旦在细节上出现责任心的懈怠，连续收到几个差评，你所运作的商业帝国就会在瞬间崩塌。

那么，究竟该怎样更好地树立和运营自己的品牌效应，打造拥有良好信誉的个人 IP 呢？其实方法也很简单："带着你的责任和爱去经营事业。"对于男人来说，真正的率性管理，不是一味地邀功请赏，而是在需要承担责任的时候冲在最前面，在面对赞美和奖赏的时候隐藏在最后面。只有秉持着这份担当和责任，才能有足够的能量将身边的伙伴团结在一起，才会深得他人的敬重和信服，带给他人一份踏踏实实的安全感。所以对于一个敢于担当的男人来说，处理身边的一切事情，都应该秉持严谨而诚恳的态度，这不但是对别人负责，也是对自己每一天最好的交代。

其实对于很多男士来说，带着爱去经营和管理并不难，但想要不偏不倚就变得着实困难。有些人，只要一遇见，就会让人如沐春风；有些人，刚共事几天，就让人觉得哪里都不舒服。于是心中自然地有了评判，不自觉地对他们的一切作出定义，觉得"这个人是不好接近的"，"那个人是不值得信赖的"。如果这种想法在心中出现得越来越多，那么在不自觉中身边就会出现很多对立的能量，他们在以各种方式妨碍自己的行动和决断，让自己觉得浑身上下都不自在。

其实面对这种情况，"男神"们首先要做的就是对这些人的性格秉性以及个性化的优势和能力进行系统分析，在意识中建立起一份详尽的个人档案，将这些人的一切，更为清晰透彻地装进自己的脑子里。例如，"男神"们可以找一张白纸，将其对折，一边写出对方的优点，一边写出自己无法接受的劣势。随后针对优点和劣势进行分析，问问自己："这些劣势真的不能让自己接受吗？它们究竟还有没有可取之处？"如果有，将自己的思路记录下来，随后再转到优势部分进行分析，问问自己："如果这些是自己喜欢的优势，那么站在对立面，它可能会产生怎样的差评结果？"随后将自己所能想到的全部记录下来。当对方再次出现在自己眼前时，这些富有战略的"男神"就能够精准地判断出对方是否可以为我所用，用在什么地方最合适，用在什么位置欠妥当。

因为对一切了解得足够透彻，所以才能更有信心地承担起管理中的使命和责任。因为对成因和结果都不再有任何困惑，所以当一切挑战来临时才能做到临危不乱。而这不但能为"男神"平添一分坦荡的自信，也会让他们以最精准到位的运作方式，将所要做的每一件事成功落地。

除此之外，帅气的"男神"管理者，还能准确把握团队里所有人的思想和情绪。每当团队成员之间发生矛盾时，他们可以站在公平的角度看待问题，力求保护每名成员的自尊心和利益。他们会使用淡定平和的话术，既能让一方感到自己在关注他，又不致让另一方觉得自己在立场上有所偏移。

那么，什么才是"男神"领导调节团队成员之间矛盾的完美话术呢？举个例子，A员工和B员工产生了矛盾，两个人因为坚持自己的看法而争论不休。此时"男神"领导便可站在自己的角度展开话术："我知道你们在这件事上都有自己的看法，而且在争论中产生了情绪。（描述事实）

但我不希望你们从彼此的对话中，只感受到了彼此的情绪。（提出愿望）这样是根本无法解决问题的，而且不利于问题的解决。（陈述想法）所以不妨把彼此的意见进行一个复盘式的分析，看看彼此观点的优势和劣势究竟是什么，当对自己的想法有了更深入的理解，再返回来进行讨论，很可能就会有一个截然不同的结论。所以，不如多给彼此一些思考的时间。你们说好吗？（建设性意见）"

这种公平而平缓的话术会在"男神"稳健的表达中发挥作用，团队中的每一个成员也都会感受到他言语中的分量，不会觉得自己过早地被上级加以评判，他们会更认真细致地对一切加以思考。当双方在自我复盘检讨后重新回到讨论环节，就会发现，原来之前很多的互相抨击，都不过是受到情绪的左右。当情绪的牵绊在领导的指引中渐渐消融，更为冷静的理智就会更好地促进彼此的互动，最终达成一致，不致影响团队友谊。

其实对于一个有爱、有担当、有责任的男性管理者来说，团队中的每一个人，都是不容忽视的重要伙伴。作为核心，他会用本能的大爱去关照他们，用最理性的思维去管理他们。他不但要让其中的每一个人都感受到自己的诚恳，还会在最关键的时刻发挥作用。他不允许任何矛盾冲突大肆在团队中渲染，但秉持对彼此的尊重，他会尽自己所能给予每一个人最合理的建议和最佳的行动方案。他永远是团队成员眼中最受信赖的人。团队成员也将永远与他站在一起,不离不弃、并肩前行。

给朋友更多爱,让魅力成为口碑

虽然每个人对于朋友的概念和态度不同,但对于真正的帅男人而言,对待朋友的方式永远是他们面对世界最富魅力的诠释。有些人说:"朋友是自己前行路上的助力。"有些人说:"朋友只是孤独时可以联系倾诉的对象。"甚至还有人说:"世间的朋友都是拿来利用的。"但对于帅男人而言,朋友本身就是彼此情感互动中大爱的诠释,越是在爱的交融中秉持一份真诚,越是有可能为自己赢得最真挚、最伟大的友谊。

其实对于朋友的交往,保持完美的分寸感,是彼此初期最需要注意的事情。过分的亲昵会让人不安,绝对的疏远又会产生隔阂。对于友谊的建立,每个人都必将经历一个循序渐进的过程。起初试探性地彼此互动、试探性地跟进观察、试探性地抛出话题,目的不在于话题和事情本身,而在于试图判断对方算不算得上一个可以结交的人。但不管怎样,秉持着礼节和循序渐进了解的态度,对于一份试图结交的友谊来说,他们所表现出的永远是绝对的友善、绝对的包容、绝对的亲和、绝对的尊重。

曾经有这样一位朋友，他在回忆自己与一位风度翩翩的绅士结交的经历时这样感慨道："我这位朋友，让我看到了什么才是真正的绅士！我们第一次见面的时候，他很谦卑也很恭敬，尽管我是他对口单位的下级，但他的表情始终都让我感受到平等的温馨和尊重。我们一起到西餐厅吃饭，交谈的整个过程，他都在用他富有亲和力的眼睛凝视着我，整个互动过程中甚至没有一次触碰手机。当服务员端上了两碗柠檬水，来自小地方的我哪里知道这柠檬水是用来洗手的，于是端起碗就喝，而此时的他依然状态平静，丝毫没有贬低笑话我的意思。他会心一笑，自己也端起了那个水碗，若无其事地和我一起喝起来。当事后我明白了一切的真相，心中的那份感激无以言表。他真的是带着尊重去结交身边的每一个人啊。这样的男子，不论到哪里都会赢得别人的尊重，因为只要是他在的地方，别人永远都不会尴尬，自然也就不会感觉到任何的不舒服。"

看到这样真诚的感叹，不知道广大男士心中会作何感想。现在很多男士虽然倜傥不羁、言谈不俗，行动坐卧都可以用一个"帅"字来概括，但不知为什么，无形之中就会给人一种傲慢的距离感。他们给别人的印象永远是不好接触的、个性太张扬的、过分凸显自我的。尽管他们身边也不乏一些阿谀奉承的人，但大多数人心里已经把他们划定为不可深交的对象。这种帅看似光鲜，却算不上真正的风度。对于一个在个人魅力上能够准确把握的男子而言，"帅"永远是一股从骨子里透出的雅致。即便是面对陌生人，他们也会尽己所能为别人着想，秉持尊重和谦卑的态度，源源不断地给予对方鼓励、认同和赞美。他们会将自己的热情无形地传递给对方，会把对方的需求当成自己的事情。他们永远秉持着"我有什么能帮到你？""我是否可以成为你成功的助力？"的态度，以对方接受起来最为舒适的方式，尽己所能为对方着想，丝毫没有高傲的架子，更不会以过分彰显自我成就的方式，对别人的状态予以压制和蔑视。他身上拥有一股富有魅力的率性，着实地热情、真挚。于是，他成了所有人尊重仰慕的对象，所有人都热衷于与他交往。不夹杂任何卖弄的成分，反而让别人感受到了他纯正的善良。就这样，他的口碑被人津津乐道，口口相传。他成了所有人心中的典范。人们总觉得倘若自己能活出这样的高雅，人生应该也算是进阶到更高的一个层次了吧。

所以，倘若我们因得体的相貌和整齐的妆容在第一印象上得了满分，那么下一步我们再秉持对别人的一份关爱，努力地想对方之所想，积极地为对方提供帮助，那么即便你并没有奢求任何人的回报，这种爱心也会本能地感染对方，使对方愿意拿出更多的真诚，也愿意像你一样对别人报以恳切的爱心。当这种处世方式已成为自己人生的惯性，其由内而外散发出的能量，会很自然地吸引到更多与自己态度相同、意愿相通的朋友。当这种友谊的圈层不断扩大，每个人都会化作爱的光，彼此传递能量，作为强大的助力，形成良好的互动。

曾经有一位优秀的"男神"管理者这样说："我身边的每一位朋友，都是我灵魂深处不可或缺的光，他们教会了我很多东西。当一个人能够以善待者的目光，带着爱去经营生命中的每一段友谊，他的事业也会因此有更完美的灵魂互动，与更高能量者产生共鸣。这种彼此成就的感觉，就是信念中爱的诠释。于是生命的每一天都被各种各样的爱所笼罩，每当爱互动传递的时候，你渴求的一切都会悄然而至，成为幸福的源泉和机遇，并且与你朝夕相伴。这是一种多么美好的感受，因为秉持爱的信念，这种喜悦感必然在这种坚持中不断延续，而这就是一个人面对友谊最该有的态度，也是他生命历程中最美的遇见。"

有智者说过："比你高度低的人，会嫉妒你、侮辱你、贬低你、压制你；与你在同一高度的人，会理解你、欣赏你、认同你、赞美你；比你高度高的人，会把能量传递给你，成就你、帮助你、呵护你、包容你。"如果你迫切地想站在更高的位置俯瞰世界，那么究竟该将你自己雕琢成什么样的人，或许这时候你的心中应该已经有了答案。

做真诚的代言，让爱成为自己的标签

曾经有一个很帅的小伙子，带着一脸鄙夷的神色调侃西方的绅士："这些人实在太有意思了，不管你跟他们说了些什么，他们都会带着微笑去倾听，不管你最终发表怎样的见解，他们都会频频点头，末了只说一声'Great'。当时我就觉得，难不成这些人是傻吗？难道他们就没有自己的见解吗？跟这样的人交流，吵架都没意思，不论你再怎么展现自我，最终所得到的回应，就是那一句'Great'，随后便是微笑，再随后就真的什么也没有了。"听到这样的话，身边有见识的老者摇摇头说："小伙子，你的阅历太浅了。人家很真诚地尊重你，不打断你的话，认真听你说了这么多无用的言辞，却没有丝毫的脾气，这不是一般人能做到的。他们所诠释的本质就是由内而外散发出的真诚。他们为了不影响你的尊严，花费了那么多时间去凝视你、赞美你，这是一种尊重的诠释，而你却把一切看成了傻，可见你的思想维度与人家差得不止一星半点呢！"听到这儿，小伙子哑口无言，根本不知道下一句该说些什么了。

很多人面对别人传达出的善意和爱时，总觉得对方所表现出来的一切行为不过是卖弄。他们之所以刻意讲求礼节，就是想要用这种方式触动别人的感官，让大家觉得，他们是高境界的代言者，根本就与现在的自己不可同日而语。于是，越是遇到这种人，心中就越是鄙视，心想："装什么装，无非是想显示自己与众不同罢了！"而事实上，之所以心中产生这样的思想，不是因为别人做错了什么，而是自己根本没有把自己放在最高的高度思考问题。

常言说得好："礼多人不怪。"当对方以谦卑的礼数约束着自我来对待你，说明心里已经对这段关系有了足够的重视。他真诚地希望彼此能够在真诚的互动中达成默契，然后彼此带着友爱，源源不断地产生精神上的共鸣。而对于友谊而言，它所带给人的不一定只是行为上的默契，更重要的还在于精神颜值的成就。当对方意识到自己终于可以和这样一个志同道合、无比有趣的灵魂产生共鸣，内心自然是充满幸福感的。在他看来，每一次会面都将是一段幸福的开始，因为能在思想维度上助力提升，所以才会花费更多的时间，与这样一个你待在一起。但这样的善意却并不能被所有人理解，因为对对方建立友谊的方式缺乏认知，所以才会莫名其妙地产生内在的鄙夷："啊！这个人真是的，这么多条条框框，假惺惺的，不累吗？"

曾经有一位老总感慨道："其实在这个世界上，能交个真正懂你的朋友并不容易，越是懂得时间的宝贵，别人愿意给予你的时间就越会算计。不是所有人都愿意在你痛苦的时候，听你煲电话粥；不是所有人都愿意多给你几分钟甚至几个小时来聆听你的需求；不是所有人都愿意停下自己手头的事情来关心你。当然你也不能要求别人一定要因为你的种种需求而有所停留。世界就这么现实，倘若有人能够在你迷茫的时候，驻足对你说：'你好，我只有5分钟的时间，很想知道有什么事情可以帮到你。'那已经是生命中无比幸福的事。但现在很多人都不明白这个道理。在面对别人真诚付出的那一刻，觉得一切都是天经地义。这样的人，尤其是男人，可以说在我眼中没有丝毫的魅力。因为他们从来没有珍视过别人的爱心，也从来不在意别人的付出和给予。他们不知道此时此刻站在他们面前的这个人对他们拿出的是怎样的真诚。那是世间最宝贵的东西，却在这些人的眼中如此不值得一提。若是你将别人的真诚当作粪土，即便别人真的想帮你，又能怎么做呢？常言说得好：'想要别人怎么对待你，你先要怎样对待别人。'这本应该是做人最基本的原则，只是现在，很多人都忘了其中的道理。"

所以作为一个魅力十足的"男神"，不论所要面对的人是谁，首先拿出你的诚恳和尊重，并对别人付出的一切给予最高等级的关切和友爱，因为此时此刻，你们彼此互动交换的是世间最美好的东西，它本应在交流中，将彼此的情感升华到更高的维度，抑或是一段不容错过的伟大友谊。但倘若此时的你，无法把握这场机遇，说不定一系列的可能、机会和美好，就会转瞬即逝。对于自己而言，因精神维度的缺失，人生少了一份率性的资本，而对于本应拥有的纯善之美，因无法用真诚把握，使自己错失了一段互通的友谊。这不论从哪个角度来说，都是生命中莫大的损失。而聪明的你，又怎么会甘心让自己在以后的日子里犯下如此低级的错误呢？

用宽容展现自身的魅力

很多人说，男人骨子里的香气是柔和的，富有温馨感的。他对于别人的关照无比细腻地体现在言行中，注视你的眼睛时，饱含着赞誉与温情。他从来不会随便乱发脾气，似乎生命中总有一缕魅力的光，不断地关注着别人，照顾着别人的灵魂。他用自己本能的爱的方式，源源不断地给予别人温暖。人们不管从哪个角度来看待与他的交往，永远都不会有尊严上的缺失，也永远不会有得不到重视的感觉。

于是有人追问，真正有魅力的男人，他存续在生命中的至真的魅力究竟是什么？为什么身边所有的人，都那么愿意被他吸引，以至于每当贴近他的世界，整个身心就会被一种安全与关爱笼罩，宛若整个生命融进了一缕温情的光，热忱、美好且富有十足的感染力？你不会担心今天自己哪个部分做得不够好，也不会刻意地避免瞬间的尴尬，他的眼神中永远承载着无限的包容，以至于注视的每一个瞬间，看到的只有别人身上的美好。这时候才意识到，原来世间最伟大的魅力，就是蕴含在人灵魂中的那份宽容，因为豁达的心胸中总是伴着一抹真诚的微笑，所以每个看到微笑的人，都会自然地放松下来，全然地体验于他的付出，源源不断地吸入一种名为爱的能量。

"我始终觉得我们的男上司，永远是世间最帅的领导。"一位大型企业的员工这样说道，"他的一言一行都给了我特别深刻的印象，其实是那份责任、那份担当和那份适中坦荡的宽容，实在太令人敬佩了。"

这位男上司叫刘斌，相貌堂堂、英俊潇洒，对待自己团队的员工从来不摆架子。有一次一个新员工因为误会了他的意思，工作出现偏差，于是心里觉得一定是上司给他穿了小鞋，突然发起脾气来。这位员工冲进领导办公室就是一通嘶吼："你就是成心让我难堪，现在好了，问题出现了，我也出丑出大发了，你终于满意了吧！"

刘斌听了以后，沉默许久，真诚地看着新员工说了一句："这不是你的错，也不是你的问题，这是我们需要共同面对的挑战，你大可不必动怒，也不会有任何人指责你。要指责的话，站在你前面的还有一个我。"

听到领导这一番话，这位入职不久的新人瞬间愣住了。

刘斌站起身，拉着新人坐在沙发上，还亲自递给他一瓶矿泉水说："其实出了问题也没有什么好怕的。每个人都会出现问题，而且你的问题未必就是你一个人的问题。这很可能是一个大家都容易疏忽的关键点，及时通过错误发现也是好事。它不但能够点醒团队中所有的人要在这件事上更加注意，同时可以通过群策群力找到最佳的解决方法。所以在我看来，你这次出现的问题，算不上一个错误，反倒是一件极大的好事。只要知道问题所在，并在下一次知道究竟该怎么做，这次的经历就是人生中最好的成长。而问题的意义到这里就算结束了，用不着指责，更不需要追究任何人的责任，相反我真的要很认真地为你鼓掌，因为你是愿意拿出勇气去尝试解决问题的第一个人。"

听了刘斌的话，这位新人热泪盈眶。刘斌又将团队所有人叫过来坐在一起，针对发生的问题进行认真的讨论，直到大家一起想出了解决问题的最佳方案，也对问题的重点有了更为清晰的概念。看到大家都如释重负了，刘斌便带着赞许的神采为在场的每一个人鼓掌，并诚恳地说道："哈！你们实在太棒了，看来团队的每一个人都是得力干将，都能独当一面、以一当十。"

团队所有成员都因此振奋起来，整个过程中没有一个人指责他人，也更没有谁随便将自己的责任推卸给别人。

对于一个懂得宽容的男人而言，解决问题永远要比把责任推卸给别人更重要。他们的着眼点永远集中在如何快速有效地摆脱痛点，如何切实有效地落实目标。除此之外，不管出现什么样的事情，他们眼中都会充满热忱、宽容和坚定。他们会鼓励犯错误的人勇敢地面对错误，他们会用自己的方式推动犯错主体自主地欣赏错误。他们会与别人在共振中成长，会分享应对错误的经验和方法。他们会让整个氛围很轻松，并在轻松的状态中与对方重新找回默契。这是一门深奥的学问，也是每一个人都应该认真修习的艺术。

其实男人的魅力除俊朗的外表外，更重要的是其所绽放出的修养、思想和内涵。他们总是带着强大的包容力去看待生命中所发生的一切，带着极度的宽容去温馨地对待别人、帮助别人。他们是真正站在高维度思考问题的人。即便是面对别人的错误，他们也一样能够在平静中给予对方无穷的力量。

第九章　礼仪管理：言谈举止，举手投足，礼仪是一门行为艺术

衣着有礼，勾勒帅男人的礼仪模式

对于一个"男神"来说，英俊的外表是天资，率性的礼仪是修养，虽然很多人都说，一个人的形象代表不了一切，但若是此时你的装扮并不符合场景的礼仪，那无疑是一件很尴尬的事情。就好比穿着一身朋克去参加本应配置晚礼服的高端宴会，你的确会让人眼前一亮，别人也确实认为你的相貌无可挑剔，但却耸耸肩说："帅是挺帅的，可穿成这样怎么能出现在这里？这太有失礼节了！"这时你作何感想？内心多少也会有那么点失落吧！

无疑，小细节引发大问题。很多男人本来相貌堂堂，却总是在自己的礼仪装扮上丢分。要么发型不符合身份，要么一张口别人就想递上一块口香糖。有些人将凌乱拧巴的衣服长期穿在身上，以为这才是自己的个性；而有些人衣服看起来无可挑剔，但只要朝底下看去，那双破旧的皮鞋脏得实在是有些惨不忍睹。人们常说，男性首先要有绅士之美，彬彬有礼、风度翩翩，任何细节都要做到无可挑剔，否则即便是再摆酷、炫帅也只能被别人当作哗众取宠，而这对于一个"男神"来说，这是绝对容忍不了的。

那么，如何打开自己帅男人的细节礼仪模式呢？下面就将具体需要注意的内容一一罗列出来，希望能够给予广大男士最到位的指点。

1. 头发一定要有型

很多男士相貌虽然很帅，但是每次出门时，头发就像鸡窝一样凌乱。有些人甚至觉得这是一种张扬自我个性的方式，但事实上，就细节礼仪规范来说，顶着一头乱发去见人，显然是对对方不够尊重的。

所以男人不管是胖是瘦、是高是矮，首先要料理好的就是自己的发型。发型到位，人就会显得精神。正所谓，红运当头，万事从头做起，所要表达的应该就是这个道理了。好的发型不但要有型，同时在头发的保养上也一定要下功夫。倘若头皮屑满天飞，发质枯黄没有光亮，也会给别人不好的观感。

此外，就男性的发型设计而言，稍稍地染一个自然色虽说也未尝不可，但倘若这个时候，脑袋上顶的颜色太另类、太缤纷，即便你用心地把一切打理得很好，别人看到你的"个性"，恐怕也会对你敬而远之。原因很简单，第一眼审美就不合拍，难道还有进一步互动的必要吗？

2. 保持口气清新，牙齿干净整洁

很多男孩子穿着其实还算得体，但只要一张嘴，一股难闻的口气扑面而来。你在交流中越是口若悬河，别人倾听的时候越是脑门冒汗。想要摸摸鼻子吧，又怕造成尴尬，但若是一直这么忍着，整个人恐怕就要被熏晕过去了。

除此之外，牙齿不够清洁整齐也是很多英俊男生的形象短板。本来口气已经让人受不了，定睛一看，牙齿上到处都是牙垢，参差不齐的牙齿，让人看了就要皱起眉头，哪还有心思跟你交流呢？

所以，要想在社交礼仪上不失分，首先要解决的就是牙齿的问题，时刻保持口气清新、牙齿洁白，早晚坚持认真刷牙，及时解决口腔问题，这样你才能在社交场上成为被亲近的对象，在互动中自然绽放，成为所有人关注的焦点。

3. 衣服一定要干净合身

"其实我觉得他挺帅的，但不知道为什么，总觉得他的衣服脏兮兮的。"一个女孩子一脸无奈地说道，"看到此情此景，对他的生活状态就已经了解七八分,这家伙绝对算不上一个爱干净的人。"

想想吧,一个男生若是听到女孩子背后这样评论自己,那将是一件多么扎心的事情。男性的衣着可以低调,也可以张扬;可以是品牌,也可以是一件很普通的T恤衫。但不管穿什么,首先要做到的就是干净整洁,这样能带给别人一种清爽舒适的感觉。常言说得好:"要想和别人相处舒服,首先要让别人觉得你舒服。"合身得体的衣服,彰显的不仅是一个男人的形象,也是对他当下生活状态的诠释。倘若你整天穿得邋里邋遢,即便在另外一些方面表现得令人满意,别人也会对你敬而远之。

4. 要有一双好的皮鞋

很多男士一年四季都穿着运动休闲鞋,即便是在出席重要会议时也毫不例外。但事实上,男士在很多庄重的场合,是需要有一双得体的高品质皮鞋的。

曾经有一位外企高管说:"我在面对社交对象的时候,首先关注的不是他的衣着而是他脚上的那双皮鞋。对于一个讲求细节的人来说,他的鞋一定是干净的、舒适的,且品质是上乘的。和这样有完美主义见地的人交往,合作结果总不会差。"所以,不管怎样,作为一个对自己有高标准要求的男士,在自家的鞋柜里,一定要给这双高档皮鞋留个好位置。

此外,这里还要提醒大家的是,尽管此时的你已经可以在造型的细节上做到无可挑剔,但就自我形象的诠释而言,更重要的还是把握好礼仪的分寸。不管是什么年龄的男士，对于社交最好秉持谦逊而不卑微的含蓄风格。初次见面，话虽不多，却足够给人留下一种恭顺懂礼的好印象。

此外，如果此时的你尚且年轻，社会阅历也算不上丰富，过分地扮成熟会与自己的年龄特质格格不入。此时不如将腰背挺直一点，让笑容阳光一点，这样一来，别人会很快被你身上的活力吸引，以至于最终忍不住要说一句："不知道为什么，一见到你，我就感觉心情那么好呢！"

职场细节，秀出"男神"的优雅姿态

两个人一起出现在职场，一个干净利落彬彬有礼，一个衣着邋遢不拘小节，即便他们在工作实力上势均力敌，作为 HR，作为他们未来的一个 Leader，你本能地更会青睐谁呢？曾经有一位集团老总说过这样一句话："和懂礼节的人在一起，你会更自在。原因很简单，他怎么表现你都不会觉得烦！"这话听起来直白，却是职场中最本能的认知态度。

作为一个职场"男神"，人不但要长得帅，细节上也绝对要做到无可挑剔。坐在那里，永远都是人们意识中最清新的空气，要么落落大方，要么阳光明媚，举手投足间，就是透着一股顶配的高级感。总让你觉得，找这样的人跟自己出去办事儿，一定不会丢脸。所以，别再抱怨为什么某人职场不吃香？人都是审美动物，一旦你的某个瞬间表现惹人讨厌，别人之前对你的一切完美印象很可能就彻底消失了。"哇，他竟然也会这样！"作为一个苛求完美的"男神"，你真的希望这样的事发生在自己身上吗？

职场中究竟应该注重哪些细节？我们又该如何高配置地完成那些一定要规范的礼仪呢？

1. 形象不能垮，气场不能乱

今天阳光明媚，你穿得也格外得体，结果突然接到一个糟糕的工作任务，或许是因为压力太大，或许是因为焦虑紧张，总之整个人都开始不在状态，于是，本来英俊的发型，被两只手不自觉地抓得一团乱，领带也被扯散了，扣子也被打开了，整个人变得落魄。于是身边的人一阵唏嘘，你在别人眼中的美好形象瞬间荡然无存。"他一定是遇到什么不顺心的事了吧！"若是此时领导一个电话，要求你再去办公室一趟，显而易见，你颓废的样子一定会让他大跌眼镜。

所以，真正的"男神"，不管在什么样的情况下都会让自己的形象保持稳定，唯有形象稳定，信念才能稳定，内心才会有力量。这个世界上没有什么事情是不能解决的,纵然工作有再大的波动,它也不过是一份工作而已。如果你能以正常的工作态度冷静处理,这一天再繁忙,也不会差到哪儿去。

2. 妥善经营好你身上的气味

有些男士很想彰显自己的魅力,于是古龙香水喷得全身都是,所到之处皆留下了他刺鼻的香气,让人接受不了。还有的男士在选择香水香型的时候,带给了别人本能的错觉,他们虽然嘴上不说,心里却在琢磨:"明明是很阳光的一个大男孩儿,为什么一身的女气?"如果此时你带给人的是这样一种感觉,那么身上没有味道都比强化味道要好得多。

香水的作用主要有两个方面:第一是强化个人的气质;第二就是遮盖身体上不好的气味。所以,对于男性而言,想要把自己身体的气味经营好其实很简单,选择适合自己气质的香型,然后把它固定下来,每次喷的时候,只需要一点,轻轻地涂抹在身体脉搏的几个重要部位。这样当别人靠近你的时候,总觉得你有一股似有似无的精致感环绕左右,即便是彼此距离再怎么亲密,都不会给人带来厌烦的感觉。

3. 不管经历什么,都要下意识地保持微笑

很多"男神"一到职场环境就保持严肃,整个人连个笑容都没有。每次见上级的时候,脸上也没有一点表情,搞得上司总觉得自己在跟一个"木乃伊"说话。这样的状态时间长了,会产生情绪上的压抑,也会

直接影响到别人对你的印象和态度。

所以，不管今天的工作在经历什么，也要让自己保持自然的微笑，这不但能提升自我，还能给别人带来轻松和愉快。当你在笑容上越发灿烂的时候，身边肯定就会有人忍不住地说："帅哥，一天就想看到你，一见你就有好心情。"

4. 自我介绍，细节上不能失分

很多男士在一些特殊场合，为了表示谦卑，总是把自己的身份略去，直接向对方介绍自己的领导，其实这样做是不礼貌的。当客户率先看到了你，自然想知道你是谁，若是这个时候，你直接转过身去介绍别人，客户就会产生一种"你不愿意结识我，你不愿意跟我打交道"的错觉，于是气氛陷入尴尬。你这样做其实是对对方的一种不尊重。

所以，即便是领导在场，当对方主动将手伸向你的时候，你不妨就大大方方地介绍自己，随后再把身边的领导介绍给对方，这样不但不会显得不尊重，反倒是让人觉得："看，这家企业，连一个普通员工都那么体面精神。"

当然，除此之外，作为"男神"需要注意的细节规范还有很多，但这里想说的是，这个世界从来都没有什么一蹴而就的事情，想要做到所有的细节都无可挑剔，除特别注意以外，更多的是需要我们在平时不断地加以改善和练习。当练习一点点地步入佳境，所有的努力成果都会成为生活中最自然的习惯；当这些习惯源源不断地贯穿于言行之中，即便是自己不再特别注意，在礼仪着装上也不会有什么大的差错了。

别忽视了握手的"艺术"

握手是"男神"社交中最常见的一种礼节，虽然只是一个小小的动作，却包含着重大的意义。很多男士本来从第一印象上已经征服了对方，但双方一握手，对方的心就紧跟着凉了半截，原因很简单，这种身体的接触没有让对方感受到你的热情，反而让人觉得你虽然表面上阳光大气、和善友好，但其实心里却并不想与自己亲近。一旦这种意识在对方的心里扎根，即便此时的你还没意识到，人家却已经开始处处跟你保持距离了。

"本来这个小伙子让我看着挺顺眼的，于是我很积极地跟他握手，没想到他伸过来的这只手是如此的轻蔑、爱搭不理，感觉就像一条'死鱼'一样没有感情，这时候我就意识到，这个人是不可以深交的，即便出于无意识，但细节上失分的人，很可能在今后的交往中给我带来麻烦，于是我依然在表面上秉持善意，心里却已经开始与他保持距离。看来我们是不可能有进一步亲近的沟通和了解了,我的意识不断地在给我发出这个信号。最终我顺应了自己的经验,并相信,这样的推断绝对是有根据的。"一位非常有阅历的高管在回忆一次宴会经历的时候说道,"最后事实证明,我的推断没有错,他那双'死鱼'手害了他。在场有很多人,在与他握手以后,表情瞬间变得尴尬,于是整个宴会少有人走过来与他交谈,尤其是那些与他握过手的人。"

听到这样的话,不知道苛求完美的"男神"会作何感想?握手虽是一个小动作,却包含大艺术。握手的礼仪中,除了彼此情感的沟通,更重要的是能量的互动。若是此时,我们给予对方的肢体接触足够积极、足够有活力,这种正向的回应便会很快地深入对方的精神意识,源源不断地催生友善。这是一种无须过多言语的直观感受。而对于一个人来说,不管在什么时候,感觉赋予他们的判断永远是最直接、最真实的。

那么究竟该怎样顺利地完成握手的环节?在握手这件事上又该规避哪些禁忌呢?

1. 把握好握手的先后顺序

对于握手这件事,除要讲求相应的姿势外,最重要的就是要把握好握手的先后顺序。这种对顺序的把握,越是在人多的场合,就越是显得重要。从理论上来说,握手应该秉持先上级后下级、先长辈后晚辈、先女士后男士的原则。如果对方是非常重要的贵宾,那么一定是要等对方伸出手之后，我们才可以上前握手；倘若这时候对方并没有握手的意思，我们只需要点头致意就可以了。这可以说是对对方最起码的尊重，尤其当对方是女士的时候，这样的礼节就显得尤为重要了。

2. 把握好握手的姿势

对于握手的细节而言，标准的握手姿势无疑是"男神"们力求的典范。伸出右手，手掌和地面保持垂直，随后四个指头并拢，拇指稍微向外张开，然后将手臂弯向内侧，指尖微微向下，过程越自然，就越不会给彼此带来压力。

但若你的手只是轻轻触碰了一下对方的指尖就匆匆拿开，对方就会本能地认为你傲慢无礼。尴尬的气氛很可能会贯穿整个社交过程，你给对方留下的坏印象可能永远都无法改变。

所以，对于握手这件事，广大男士一定要注重最标准的姿势，既要让对方感受到自己的热情和真诚，又要在礼数上不失风范。这样在进行交流时，单从感受共振而言，你就已经可以得满分了。

3. 把握你的握手时间

我们经常会在电视里看到类似的搞笑镜头：一个人见到另外一个人，为了能够让对方知道自己的热情，便死死地握着对方的手怎么也不肯放开，结果搞得人家一脸尴尬不自在，那双手抽也不是，不抽也不是。还有的人，为了彰显自己的力量和对抗，明明握个几秒钟就可以的两只手，却像掰腕子一样相互较起劲儿来。于是，本来示意友好的表现，成了双方敌对死磕的较量。这在握手的礼节上，都是绝对错误的方式。

那么对于握手这件事，我们究竟应该如何把握时间呢？一般来说，每一次握手，双方接触3~5秒就可以了，尤其是面对女士的时候，广大男士朋友更是要特别留意，若是此时死抓着对方的手不放，在别人看来，是一种极其失礼的表现，倘若此时女士的丈夫就在旁边，那场景就实在太尴尬了。

所以与别人握手时，我们既要把握好力度，也要把握好时间，并带着友善而热情的微笑说一声："你好！"别人就会本能地感受到："这个人在社交细节上，应该是很到位的。"

除此之外，我们还要记得，在握手之前，应摘下手套，如果此时头上戴着帽子，也一定要一并摘下。而且，在握手前一定要注意自己双手的清洁，及时清理手心的汗液，以免伸出手的时候，给彼此带来不必要的尴尬。握手虽然是一个小动作，里面的礼节学问却是极其重要的。对于"男神"而言，它不仅是一个简单的姿势，也是一种进一步与他人亲近的媒介。它就好像一条联结彼此心灵的弧线，越是在细节上做到极致，越能够结交到更多的人。

玉树临风，谈判桌上的礼仪风范

谈判桌是一个很重要的场合，对于职场"男神"来说，要在谈判桌前展现自己最好的状态，除一个"帅"字以外，更多的要靠自己的能力。但很多时候，男士虽然在言谈能力上没有任何问题，却常常在一些小细节上失分。礼仪方面存在的问题，让对方觉得这场谈判似乎少了那么点仪式感，于是内心便开始鄙夷起来："这家伙长得挺帅，但在礼仪上却不拘小节，难不成就没有认真培训过吗？"

要知道一旦这样的想法成形，谈判就很难在和谐而公正的氛围中进行。因为本身在细节上不成规范，对方也会在谈判的表现中产生懈怠。于是，一些微小的细节就这样决定了谈判的成败。对方嘴上不说，心里却在想："就你这样的状态，也配跟我谈条件吗？"想想吧，若此时的我们，从他们的眼神中读出了这般挑衅，若是再因此定力失衡，那将是一件多么有失风度的事情。

男性在社会商务谈判中成功的因素虽然很多，但礼仪在谈判中永远占据着举足轻重的位置。它贯穿着谈判的整个过程，不仅体现的是一个男人高格局的修养和素质，还会从另一个方面影响对手的思想、情绪和行为。认清并把握好谈判中的礼仪细节，就成了职场"男神"们一门重要的必修课。

那么，在谈判桌前应该注意哪些礼仪细节呢？总体来说，最为重要的包括以下几点。

1. 良好的第一印象

与客户初次见面，对方对你的一切都不甚了解，那么如何能够在形象上先入为主，让对方快速地品出你的作风和性格，就成了谈判桌上"男神"们要完成的第一要务。这是一种在印象上需要给予顶配的修饰，不但要让对方感受到你作风的严谨，还要让对方在细节印象上感受到专属于你的那份高级。一旦这件事落地成功，好的开始就等同于成功了一半，对方不但会对谈判更加认真和期待，同时会在内心意识到，眼前的这个人，单从细节上看，其力求完美、训练有素的格调就足够令人信服、倾倒了。

2. 善于倾听

很多男士在谈判桌上总是爱刻意表现自己，虽然侃侃而谈的语言风格魅力十足，却还是会在礼节上有失分寸。他们有时会在对方阐述观点的时候，随便打断别人的讲话；有些时候则只顾自己说话，而忽略了别人想要发表意见的意愿。这对于谈判的推进而言是没有一点好处的。

在此，提醒广大男士：越是有强大能量、高规格身份的人，越是会给别人更多言论的空间，而他们所做的，就是在微笑倾听中捕捉重点。既不刻意暴露自己，也不在言谈中过分表现自我，这不但是对别人的尊重，同时可以让自己在不过多发表言论的状态下，拥有更多思考的空间。这是一种礼节的内敛，也是一个保留自我见解最安全的方式。

不管谈判桌上发生什么，我们都希望谈判能够有效地向前推进，倘若这时对方的言谈有失偏颇，那么给予对方最礼貌的让步，就是用眼睛平和地注意对方，然后用心去倾听。这是一个"耳到、眼到、心到、脑到"的过程，也是一种对他人最大的尊重和关切。它会让别人意识到，眼前的这个人不仅值得信任，还是一个很容易相处、处处照顾别人的友伴。当这种印象逐渐随着谈判的进行，在对方的脑海里加强，这时候再去下意识地引导对方，就没那么困难了。

3. 有效提问

谈判桌前，为了实现彼此的利益，提问就成了一门必须讲求智慧的语言技术。它不但可以有效地了解对方，还可以助力我们更为精准地获取信息，从而促进彼此进一步的交流和磋商。这无疑对整个谈判进程起着十分重要的作用。但很多男士并没有掌握好提问的技巧，不但不能把握谈判进程，控制谈判方向，反而造成了尴尬的冷场。如果这种冷场让对方关闭了心门，那么无论他们后续表现得多么友善，都很难与你达成最佳的谈判效果。

究竟怎么提问呢？首先，我们先要把握好提问的时机，既不打岔，又能用自己的言谈引导对方进入讨论的正轨。其次，有些男士会在提问的时候，采取有限制性的提问方式，例如，"关于这个问题我们的立场是……请问大家还有什么意见？"这种类似霸权的提问方式会给对方带来很不舒服的感觉，所以最好及时在言辞上做出调整，例如，"关于这件事，我们对待这件事的立场是……但为了在这一观点上达成一致，我们一定还会有更进一步探讨的必要和空间，毕竟谈判结果代表的是我们双方共同的意愿。我们真心希望能够听到您对这件事的看法。"这样的沟通方式，会让对方瞬间感受到你的友善，也从某种程度上意识到了自己看法的重要性。这样平等的沟通，不但能有效地推进谈判的进程，还能在某种程度上加深彼此的了解，促进谈判友谊的产生。

此外，对于提问这件事，对不同的人要采取不同的战略。提问之前应仔细考量对方的年龄、职业、社会角色、性格等多方面因素：如果对方是一个专业知识很强的人，就不妨问几个专业性的问题；如果对方比较年轻，那提问的内容则可以相对活泼些；如果对方性格严谨，那就用更为严谨的方式设置提问。这样一来，对方在接收提问信息的同时，也会本能地将你纳入与自己同频的范畴，而这对于后续进一步对相关问题的探讨，绝对是大有帮助的。

鲜活表现力，演讲台上的洒脱魅力

"我一直以为站在演讲台上是一个很帅的行为。不管是乔布斯，还是雷军，他们的演讲风格，他们的语言魅力，他们的举手投足，都带着一股帅气逼人的吸引力。"一个有着俊朗外形的男士说道，"我也想和他们一样，但不知道为什么，每次上台都会出错，每次都觉得自己有哪里不对。有些老师善意地对我说'最好先从演讲的礼仪上下下功夫'，可我连演讲礼仪是什么都不甚了解，又怎么对那个站在讲台上的自己进行提升呢？"

很多男士在公司或者一些重要的场合，都有可能要遇到上台发言的机会。尽管很多时候，我们自信满满，但就是不知为什么，每次上台时，要么效果不好，要么就是陷入被动的紧张。这对于一个追求细节精致的男人而言，何尝不是一种致命伤呢？

事实上，要想把演讲做好，首先要做的就是深入了解相应的演讲礼节规范，了解上台后一系列的礼仪流程，唯有先将这些内容了然于心，在进行系统练习的时候才会更有针对性。比如，当主持人叫到我们的时候，我们应如何起立，以怎样的步频上台；怎样向场下的听众挥手示意；怎样与主持人握手，对接话筒；怎样向听众鞠躬。这些看似不经意的细节，若是想做到精准、极致，想必也不是一件容易的事！

其实对于演讲这件事，最重要的就是展现出自己最自然、最得体的状态。上场时，可先环视全场，将自己信念的能量传递给场下的每一个人，随后便可以大胆地放开自我，在聚光灯下开启富有自我个性的开场白，将自己的名字掷地有声地介绍给每一位听众。这种互动本身就是礼仪最美的诠释，不需要刻意彰显。所有的细节，都会随着演讲中的每一个语调、每一个动作、每一个眼神、每一个微笑自然而然地流露出来。

当演讲的内容与倾听者在共鸣中彼此融合，清晰的思路和完美的表现就是对他们最大的尊重。于是，精致的男人开始为这一天的到来而不断练习，希望能够在神圣的演讲台上，绽放出自己最完美的风采。

那么对于演讲这件事，男士朋友们应该注意哪些礼仪细节呢？

1.养精蓄锐，思路清晰

演讲时要保持持久而充沛的精力，因此在演讲的前一天，尽可能不要熬夜，给予身心最大限度的休息，这样才能在第二天表现出最好的状态。在讲台上不但要站直站稳，还要表现出自己的气度。即便是与场下听众互动交流，也要眼神坚定，这样才能以自身强大的能量控制全场，凝聚众人的注意力，将整个演讲推向一个又一个高潮。

2.眼神要坚定，切忌游离不定

上了讲台你便成为众人眼中的焦点，这时候眼神交流就显得尤为重要，所以把控目光就成为演讲台上的"男神"最重要的一门技能。首先，目光一定要前视听众，这样才能彰显出自己的坚定和自信。倘若这个时候眼神左右躲闪、左顾右盼，就会给人一种不淡定的感觉。此外，很多男士在演讲的时候，习惯将眼睛朝向天空，这会让大家觉得他的眼中根本就没有听众；但另一个极端，如果只是低着头看地板，就会给人一种心虚，做了什么亏心事儿的感觉。所以，为了让自己的演讲保持在一个良好的状态上，"男神"朋友们就先从自己的眼神开始训练吧。

3.声音洪亮，保持和谐音调

很多"男神"在自己演讲的内容上狠下功夫，但只要一站在演讲台上，就感觉说什么都不是那个味道。主要原因就在于自己的语音和语调。有些人声音很小，语速也拉得极其缓慢，结果话没说两句，听众们已经开始打瞌睡看手表了；还有一些男士在语调的抑扬顿挫上出现凌乱，该升华的没有升华，该停顿的没有停顿，整场演讲就好像是让听众喝了一杯白开水，听起来没有感觉，自然对你的表现就没有感觉了。所以，想要让演讲的会场不至于出现混乱，"男神"就一定要努力地用自己的语言抓住听众的心，当听众的注意力因你的语言魅力而越来越集中的时候，毫无疑问，你演讲的重要一关就可以顺利通过了。

4.挺拔站姿，不要过分低头

很多"男神"由于紧张，在台上的站姿特别古板。其实就站姿而言，真的没必要刻意为之，只需要看上去挺拔一些，像正常站着跟别人说话一样就可以了。但这里要提醒大家的是，在演讲的过程中，千万不要过分地低头，要根据讲台下听众的反应及时调整自己的状态。此外，在演讲的过程中不妨加上一些动作，所有的手势力求伸缩自如就好。这时候，我们大可以忽略手势的标准程度，只要知道，它始终都在自己该在的位置上，我们只需要在表达上从容伸展，整体的表现力就不会差。

鲜活的表现力，来自我们的放松和从容。我们只需要信任自己的实力，提前做好一切所需要的准备，便大可不必让焦虑不安的负面情绪来影响自己。演讲是一件表现力极强的事，同时是一件非常有趣的事，它所需要的是我们多方的协调能力。当作为"男神"的你快速地适应了会场的环境，发现演讲的过程不过是向内打卡的时候，便可以瞬间感触到它赋予你的激情、喜悦和快感。聚光灯下的自己本就如此璀璨，打好基本功，每个人都能亮出精彩的自己。

第十章　外在整合：赋能"高富帅"的后盾助力

男人硬伤之"聪明绝顶"

很多男性朋友，相貌俊美，但头顶上那仅存的几根头发立刻让他黯然神伤，担心这样下去，自己的美男子形象就要荡然无存了。那么，如何改变自己"聪明绝顶"的厄运，让浓密的头发长出来呢？

其实对于这件事，很多男性朋友都有自己的苦恼。说到脱发这件事，首先要了解它的成因。之所以很多男性朋友会出现脱发现象，其主要原因就在于雄性激素的分泌。他们的头皮毛囊内部受损萎缩，毛囊会逐渐出现微小化，整个毛干会变细，发丝也因此变得脆弱柔软，很容易发生脱落。有类似问题的男士，时常会感觉头发油腻，发质焦黄犹如枯草，头发总是向外蓬着，一看就不止少了一点光泽。时不时就会感觉头皮发痒，频繁地出现断发和掉发，头顶一旦脱发，就再难长出来，头皮显得油光锃亮，以至于身旁的人看了以后，都忍不住要笑话他说："你看，这个人实在是'聪明绝顶'了。"

出现"绝顶"，主要与很多男士的作息时间有关。由于学习和工作压力过重，很多男士时常精神紧张，再加上夜生活过于频繁，肾气变得虚弱。除此之外，类似通宵玩游戏、过度熬夜加班也会引发机体出现内分泌紊乱、生物钟不协调等各种健康问题。

按照中医理论，头发与肝肾有着非常密切的关系。肾脏肝经主的是血液，想要让头发浓密富有光泽，最重要的一件事就是提升自己的精血，扶正固本，这样才能有效地调节身体脏器的功能，平衡代谢，在提高免疫力的同时达到补肾固元的效果。

而从西医的角度来说，人体头发毛乳头内有着极其丰富的血管。它们为毛绒头、毛球提供着充足的养分。有了养分支持，头发的生长激素才得以顺利合成。一旦这条营养通道因为受到各种不良刺激而在运转上发生障碍，养分无法正常供给，毛囊细胞就会失去活力，头发也会因此形色干枯，角质化严重，大把大把地脱落。因此想要搞定脱发的问题，首先就要想办法恢复这些血管的活力。针对头发和毛囊呵护的问题，我们应注意以下几点。

1. 时刻注意通风

头发很不耐热，倘若男士们在夏天总是顶着帽子或头盔，头发就会因为不透气而造成脱落，所以即便需要戴帽子，也要尽量选择一些透气性好的帽子，或在帽子里垫上空心帽衬。

2. 避免在阳光下暴晒

日光中的紫外线可能会对头发造成损伤，导致头发出现干枯变黄的情况，因此在夏季一定要避免让头发在日光中暴晒，尤其是经常在室外游泳、晒日光浴就需要特别注意了。

3. 避免吃辛辣食物

倘若经常进食辛辣的食物，头皮的毛细血管就会因为这些食物中的油腻物质而出现阻塞，从而影响到毛囊皮脂正常的新陈代谢，这样，我们头部的血管就无法顺利地完成营养物质的交换。血液循环一旦受阻严重，头发自然就会大把脱落。所以，这里要提醒广大"男神"的是，要想头发好，就要尽可能地做到饮食清淡。这样不但更有利于身体健康，还能在提高新陈代谢的同时，提升我们的精力，使我们看起来更年轻，更富有活力。

4. 避免过度饮酒

很多"男神"因为过度饮酒，造成大规模脱发。其实就酒而言，尤其是白酒，它不但会使头皮产生湿热，还会损害毛囊内部的正常发育，对我们的头皮可以说是伤害性极大。即便是啤酒、葡萄酒这类酒精含量相对较低的酒品，在饮用时也要做到适度适量。总而言之，为了我们光鲜亮丽的秀发，美酒虽好，也不要贪杯啊！

扫荡腋下"狐臭"的伤心事

"这个男孩子相貌没得挑，身材没得挑，各方面看起来都符合型男的标准，却没有一个女生愿意与他亲近。"一位老阿姨感慨地说，"原因就在于他身上的那股味儿，不是谁都能忍受的。"曾经有个女孩儿叹着气对身边的朋友抱怨："这男孩儿本来很适合做男朋友，但每当我走近他的时候，他身上的'狐臭'味就让我作呕。我也曾经付出过很多努力，但想到要和这种味道共度余生，心里便想还是算了吧！"

想想吧，若是这样的倒霉事正发生在自己身上，那该是多么让人难过啊！"狐臭"形成的根本原因在于我们的大汗腺分泌物经过皮肤表面的时候，被体表的细菌分解后，生成各种不饱和脂肪酸，就产生了我们能闻到的难闻体味，也就是"狐臭"。一般来讲，"狐臭"的产生必须具备两个条件：体表细菌和大汗腺的分泌物。人体有很多不利于清洁的地方，例如腋窝处。当温度升高，湿度加大，细菌便因此而滋生蔓延，如果这时候我们的卫生习惯不佳，就会直接导致异味的增强。对于这个问题，究竟有什么切实有效的解决办法呢？

1. 局部清洁

想要让腋下没有异味，最重要的一点，就是要随时注意保持腋窝的清洁卫生。平时一定要勤洗澡，勤更换衣服，如果没有洗漱条件，也要用干净的湿毛巾、湿纸巾及时地对自己的汗液进行清理。此外，对于腋下经常有异味的男士来说，及时地剔除腋毛，减少局部细菌的数量，也是有效减弱"狐臭"的好方法。

2. 求助医生，进行药物治疗

药物治疗主要分为外用药物治疗和局部注射药物治疗。外用药物，主要包括乌洛托品溶液、20%氯化铝无水乙醇溶液等有效抑制汗液生成的制剂，以及类似氧化锌尼龙粉的除臭剂。而局部注射药物，主要是注射肉毒素。这就涉及专业的医学知识，需要到正规医院向医生求助，切勿轻信网络信息，给健康和金钱造成损失。

除此之外，在平时的生活中也要注意及时排毒，多摄入瓜果蔬菜，少吃油腻食物，戒掉烟酒。平时可以多喝一些茶水来促进毒素排出。以多喝水的方式增加尿量，这样不但能有效地促进代谢物的排出，还能让我们的皮肤更加细腻有光泽。除此之外，还要规避那些具有强烈气味的食物，如大蒜、茴香、咖喱、洋葱等，由于它们的性质过于辛辣，很容易对汗腺产生刺激，所以广大"男神"们最好就把它们划入自己的禁食范围吧！

局部瘦脸，想"帅"就这么简单

"这个男生的身材很有型，可就是脸太胖了。"一个女孩儿看着一个衣着时尚的美男子的背影感叹道，"如果他的脸型跟背影一样有线条就好了。唉，白白辜负了一副好身材。"想想吧，若是这样的话说的是你，而恰好又被你听到，那将是一种多么扎心的痛啊！如果身材能从后天努力获得，那么相貌的比例就成了不少帅男人天生的"瓶颈"。倘若这个时候脸上堆积的全是肉，即便是锻炼出再好的身形，看起来也会有一种不伦不类的感觉。但身体上的肉好减，脸上的肉想减下去又谈何容易呢？

曾经就有一位男士说："我不知道为什么，只要一胖，就肯定先胖脸。使劲运动了半天，身上的肉减下去了，脸上的赘肉却始终圆圆地堆积在那里。一照镜子，我就感觉很痛苦，真是不知道怎么办了。"

在这个经济飞速发展的时代，男性追求美的态度其实与女性并没有什么区别。他们都希望自己看起来更有型、更亮眼。一种想要越变越帅的紧迫感，每天都在他们的心中蠢蠢欲动。倘若这时一抬头就看到一张令自己不满意的脸，那种心情，别人看不出来，难道自己还不知道吗？于是"男神"们开始把精力集中在瘦脸这一变美事业上。不管通过什么渠道，有什么样的绝妙方法，只要条件允许，他们肯定都会努力试一试。而对于瘦脸这件事，从直观角度来说，脸部轮廓对于一个男人第一印象的表现力绝对是非常重要的，唯有将脸部轮廓与自己的身材管理做到协调统一，那份男人所特有的帅，才能在亮眼的整体线条中被鲜明地展现出来。

究竟是什么原因导致了我们面部轮廓的不协调呢？要知道支撑我们脸部的基础是我们的头盖骨，而头盖骨是由额骨、颞骨、顶骨、枕骨、蝶骨及筛骨构成的。一些不良的习惯很容易导致骨骼之间分离，从而导致脸部歪斜、脸大等多种面部轮廓不协调的状况。

如果问题不算太大,广大男性朋友完全可以采用适当运动、调节饮食、高温淋浴的方法清除身体的浮肿,排出积压在身体里的湿气来有效地提升自己的面部轮廓,很好地达到瘦脸的效果。

当然,经常性对面部进行舒缓按摩,也能有效预防脂肪的再次堆积。事实上按摩的确是消除面部脂肪的一种切实可行的简单方法,只要姿势正确,就完全可以达到一定的治疗效果。下面就为大家推荐一套自我面部按摩疗法,每周坚持3~5次,就可以对面部的脂肪堆积起到很好的改善作用。

第一步,捏按脸部脂肪堆积的地方。先涂上一层瘦脸的按摩霜,然后在面颊肉多的地方轻轻捏按,一边捏按一边由内向外进行拉伸,动作可以适当轻柔一点,以免伤害到皮肤的内部组织。

第二步,轻轻揉按面颊。用手掌紧贴住两边的面颊,由内向外地对肌肤进行揉按,整体时间在一分钟左右。

第三步,托下颌。用双手轻轻托住下巴,有节奏地反复做一分钟左右。

第四步,轻轻托住脸部。用双手放于脸的两个下颌部位,然后用轻柔的手法进行按摩并提拉。

第五步,双手轻拂面部。双手掌贴着面部,轻轻地抚摸整个面部,持续3分钟。

不可否认,这世上没有一劳永逸的瘦脸方法,只有一劳永逸的瘦脸习惯,剩下的就是"男神"们如何葆有那颗爱美的心,持之以恒地坚持了。

后 记

或许作为一个男人，此时的你尚未在观念上发生转变，你会在心中产生疑问：为什么男人的形象变得那么重要？为什么这么多男人开始如此在意外在的雕琢呢？对于一个追求完美的人来说，外在形象是一个人内在素质的映射，机会不会驻足在人生命中太久，但完美的形象却可以让别人第一眼就注意到你。而对于一个人来说，精致的第一印象所带来的价值，很可能远远超过自己低头蛮干的许多岁月。你将有机会与具有高端高思维方式的人一起喝茶；你将在贵人面前秉持自信；你将有资格带着完美的自己参与到更宏大的项目和事业中；你将更有机会赢得自己心爱的人，获得一个高颜值蜕变下更满意的生活。从这一点说，"他经济"的兴起，男人对于自己颜值的重视，对于这个追求高颜值、高水准的新时代来说，绝对是一个具有进步推动意义的选择。

"他经济"对男人的世界而言是一次大胆而智慧的尝试，对内是一种爱己的本能，对外则是对机会更进一步的把握。当他们带着全新的自我，面对关注的目光，释放出自信的魅力时，那些年受过的伤、经历过的考验及那记忆深处对人生的诸多不确定，都会伴随着那份对自我改变的果敢和勇气，一点点地淡去哀愁，而那坚毅俊美的脸庞，也因为多了一份坚定从容，在幸福的春雨中绽放笑容。

所以，不如从即刻起，记住这本书中的一切，将所看到的、学到的运用于自己的生活。我们相信，经历了这场思想的冲浪，你的人生会变得更加精彩，而对于未来的无限机遇和可能，请带着满腔的憧憬去尝试和经历。我们知道，智慧的你会带着少年的灵魂一路仗剑前行，直到遇到更完美的自己，直到这份完美在与灵魂相合的日子，如涌动的甘泉般清澈甘甜。你会带着那份属于自己的甜，在那"男神"赋能的美好故事里，苦尽甘来。

别说自己不值得拥有，从现在开始，请带上你的能量一起加油吧！

胡可